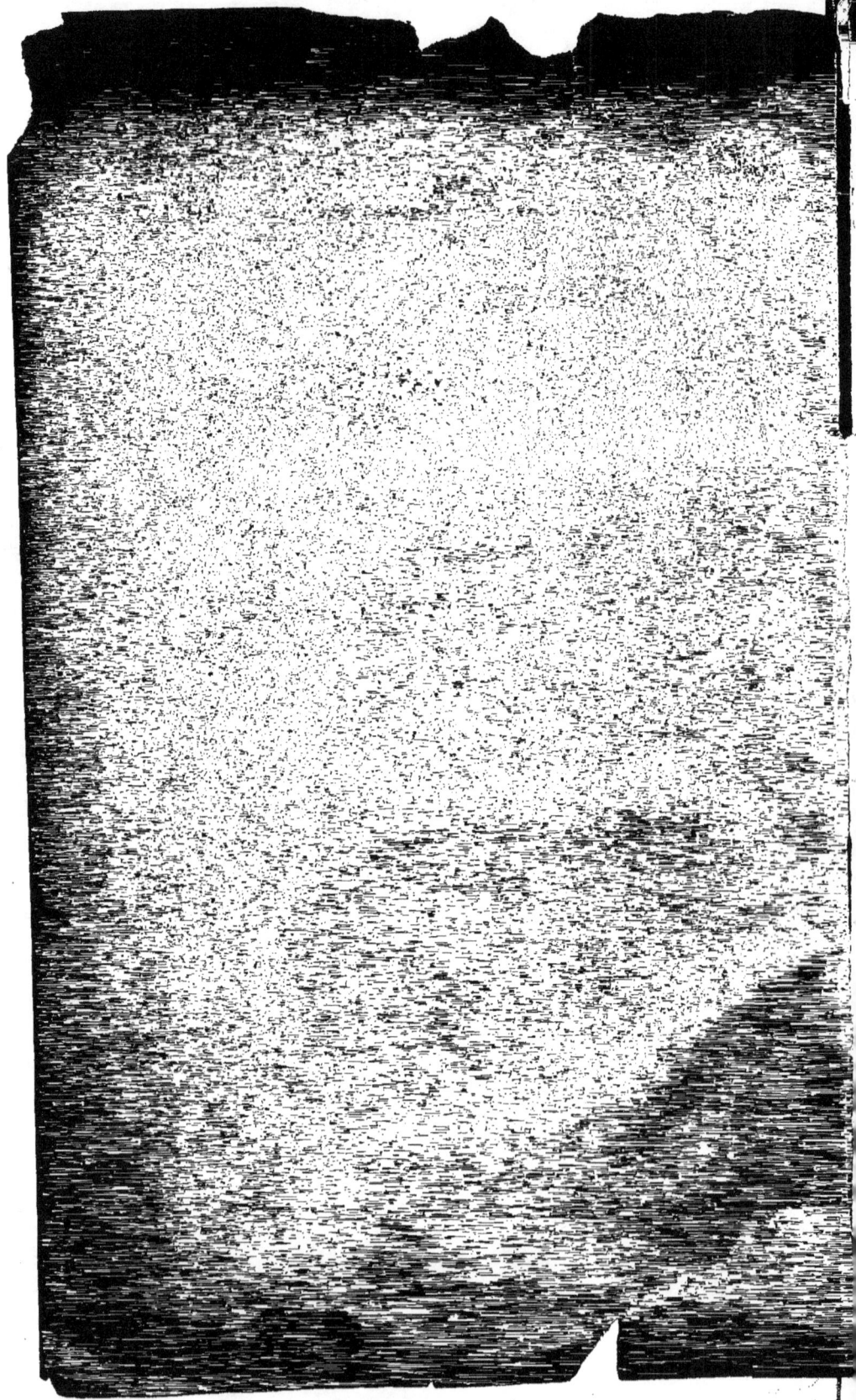

EXPOSÉ COMPLET

D'UN

SYSTÈME DE CRÉDIT FONCIER RURAL

ET DE CRÉDIT AGRICOLE

COMBINÉS

Présenté à la Société d'Agriculture de la
Haute-Garonne,

Par F. GRANIÉ

Ancien Élève de l'École Spéciale de Commerce et d'Industrie, et Associé Correspondant de la Société d'Agriculture de la Haute-Garonne

———

Juin 1868.

Ⓒ

S

Toulouse, Imprimerie Troyes Ouvriers-Réunis, rue Saint-Pantaléon, 3.

A Messieurs les Membres de la Commission désignée par la Société d'Agriculture de la Haute-Garonne pour examiner les bases de mon Système de Crédit Foncier rural et de Crédit Agricole **combinés.**

MESSIEURS,

Dans sa séance du 30 mai 1868, la Société d'Agriculture e la Haute-Garonne, sur la demande de l'honorable M. Mazel et à la suite de son Rapport sur le *complément* de l'exposé de mon Système de Crédit Foncier rural et de Crédit Agricole combinés, vous a désignés pour lui rendre compte des bases de ce Système.

Afin de vous éviter la lecture des diverses brochures que j'ai publiées sur ce sujet, et qu'il me serait d'ailleurs impossible de me procurer, je m'empresse de vous en adresser un résumé dans lequel j'ai réuni tous les éléments d'un exposé aussi complet et aussi précis que possible. — Je le livre à votre bienveillante appréciation, en vous priant de ne voir dans ma persévérance aucune autre pensée que celle d'être utile à l'Agriculture.

Je connais trop bien l'outillage social, et j'ai trop d'expérience pour avoir la témérité de penser que, quelle que soit la vérité et j'ose dire la moralité de mon Système de Crédit, il soit possible de le mettre immédiatement en pratique. L'Agriculture, ou pour mieux dire les douze à quinze millions de propriétaires fonciers ruraux et de cultivateurs, seront encore et peut-être trop long-temps l'objet des exigences du capital. Je n'ai malheureusement aucun doute à cet égard. Car l'organisation du Crédit foncier rural, au moyen de billets payables à vue, au porteur, tels que ceux des banques commerciales, se réduit à une question de *sécurité relative ou absolue*, qui inspire et maintient la CONFIANCE du public. Vous n'ignorez pas, Messieurs, qu'il a fallu près de cinquante ans pour répandre en France l'usage du billet de banque au point où nous le voyons aujourd'hui : cette éducation a été bien longue ; mais il ne faut pas oublier qu'on est resté longtemps sous l'impression des assignats.

Dans mon système, le billet de banque présente une trop grande sécurité, il est trop supérieur à celui des banques commerciales, pour qu'il ne devienne pas l'objet des attaques de ceux mêmes qui ont le plus d'intérêt à en faire usage. Car, quoique ces billets soient susceptibles d'inspirer au public une *confiance absolue*, ils auront à lutter contre l'ignorance profonde qui maintient les agriculteurs et les cultivateurs dans une déplorable *méfiance*. Or, *crédit* et *méfiance* sont deux idées absolument inconciliables.

D'où il suit que l'organisation du Crédit Foncier rural et du Crédit Agricole, telle que je la comprends, ne pourra être réalisée que par la vulgarisation la plus large d'un procédé basé sur la vérité et par conséquent sur la certitude d'une *sécurité absolue*, si je fais usage du billet de banque. C'est une question de temps et d'éducation.

Le billet de banque à l'abri de toute espèce de risques, est le pivot de mon Système de Crédit Foncier rural et de Crédit Agricole *combinés*.

Ce Système a pour résultat de supprimer la valeur de location du capital pour les emprunteurs qui peuvent fournir une hypothèque sur leur propriété. Enfin, il peut donner aux agriculteurs le crédit sans hypothèque, à un taux *inférieur* à celui qu'exigeraient des prêteurs ordinaires.

En conséquence, les questions à résoudre peuvent être ainsi posées :

1° Le billet de banque, basé sur la totalité de la valeur de la propriété d'un emprunteur, est-il susceptible d'inspirer une *sécurité absolue* au public, si l'émission est de *beaucoup inférieure* à la valeur de cette propriété ?

2° Cette monnaie fiduciaire payable à vue, au porteur, en espèces, et présentant la certitude que tous les billets émis peuvent être intégralement remboursés sans perte possible pour les porteurs, peut-elle être appliquée aux prêts à long terme?

3° La combinaison, au moyen de laquelle la Banque foncière place les annuités destinées à l'amortissement des emprunts hypothécaires, n'est-elle pas de nature à fortifier la confiance du public ?

4° La suppression de la valeur de location du capital n'est-elle par le résultat de mon Système de Crédit, puisqu'il n'y a pas de capital employé, et que l'emprunteur, en fournissant le véritable capital de garantie, supérieur à la somme des billets qui lui sont remis, devient son propre prêteur et par conséquent actionnaire de la Banque Foncière ?

Telles sont, Messieurs, les questions du problème que j'ai cherché à résoudre dans mon projet de Crédit foncier rural et de Crédit Agricole *combinés*.

Si, après avoir pris connaissance de mon projet, vous jugez, que, sauf les modifications de détail et de nombres, les bases en sont saines et justes; si elles ne vous paraissent pas contraires aux principes en pareille matière; enfin, si les billets de la Banque Foncière peuvent, comme ceux de la Banque de France, être payés à vue, et s'ils sont à l'abri de toute espèce de risques, le problème théorique sera résolu. Pour le réaliser, il ne s'agira plus que d'en propager la vérité dans l'esprit des propriétaires et des cultivateurs, car l'éducation du public des villes est complète à cet égard.

Alors, fort de votre puissant appui, je pourrai déployer le drapeau de la vulgarisation, et jeter ce cri si éminemment français : *En avant !*

F. GRANIÉ père,

Chemin de l'Observatoire.

Toulouse, 5 juin 1868.

P.-S. — Permettez-moi, Messieurs, de transcrire ici pour ceux d'entre vous qui n'assistaient pas à la séance du 30 mai, les quelques paroles que j'ai eu l'honneur de prononcer et qui indiqueront le chemin parcouru par mes idées sur l'organisation du Crédit foncier rural.

MESSIEURS,

Avant de répondre aux dernières objections qui ont été présentées contre mon projet de Crédit foncier rural et de Crédit agricole combinés, permettez-moi de vous remercier de vive voix pour m'avoir fait l'honneur de m'accueillir à titre de membre correspondant de la Société d'Agriculture. Cet honneur (je ne me fais aucune illusion à cet égard), je le dois moins à mon mérite personnel, car je suis à peu près étranger aux choses de l'agriculture, qu'à la persévérance que j'ai mise au service de l'organisation du crédit foncier rural et du crédit agricole.

C'est en 1861 que je publiai ma première brochure sur ce sujet. Cette brochure n'était qu'un ballon d'essai destiné à reconnaître le courant des idées sur cette matière si intéressante. La Société d'Agriculture de la Haute-Garonne qui, de même que toutes les sociétés départementales similaires, en avait reçu communication, voulut bien désigner un rapporteur, chargé de lui rendre compte de cet opuscule. Mais je conviens sans peine que l'accueil fait à ce travail destiné à provoquer la discussion, ne m'encouragea pas à présenter le système complet, tel que je l'ai publié depuis. Aussi, malgré l'insistance et la sympathie de l'honorable rapporteur, aujourd'hui président de la Société, je crus devoir réserver les explications qu'il me demandait, en attendant une occasion et des circonstances plus favorables; je veux dire qu'à ce moment tout projet d'organisation du crédit agricole me parut prématuré. Que Monsieur le président me permette donc de le remercier vivement pour le silence bienveillant qu'il a gardé sur cette brochure imparfaite, qui ne méritait pas, je le reconnais, l'honneur d'un examen sérieux.

Cependant, mon projet était bien arrêté dans mon esprit et sur le papier, même avant cette époque; et j'avais l'occasion d'en causer dans l'intimité avec quelques amis effrayés par les résultats. En effet, j'arrivais, par l'emploi du billet de Banque dans les prêts à long terme, à supprimer la valeur de location du capital pour les propriétaires fonciers obligés de recourir à l'emprunt. Les objections en apparence les plus logiques m'étaient présentées; mais en définitive, je parvenais à vaincre les résistances les plus obstinées.

Enfin, l'enquête agricole provoquée par le gouvernement me sembla une occasion toute naturelle de mettre à jour une partie de mon projet dans la brochure intitulée: *Gratuité du crédit foncier.* Dans cette brochure, destinée au public peu versé dans cette matière, j'évitai autant que possible les termes techniques de la science, me réservant plus tard de résumer mon projet et de l'appuyer sur les principes de la science économique.

Je dépassai les bornes de la logique et fis quelques accrocs aux lois économiques, espérant parvenir par ce moyen à faire discuter mon sytème. Cependant, je comprenais qu'un résumé net et précis était nécessaire et ne pouvait être utilement examiné que par des hommes pratiques, sans parti pris, et qui avaient en même temps le plus grand intérêt à voir se fonder une institution de crédit appropriée à leurs besoins.

A qui donc, moi, enfant de Toulouse, pouvais-je demander l'autorité qui me manquait pour vulgariser mes idées, sinon à la Société d'Agriculture de la Haute-Garonne ? C'est pourquoi j'eus l'honneur de lui adresser l'exposé de mon système de crédit foncier rural et de crédit agricole combinés, uniquement dans le but d'en soumettre les bases à l'appréciation de ses membres.

L'honorable M. Mazel, dont le jugement dans les choses pratiques ne saurait être taxé d'enthousiasme irréfléchi, fut chargé de faire un rapport sur mon projet. Ce rapport, vous le connaissez tous, Messieurs ; et l'honorable rapporteur me permettra de lui renouveler devant vous le témoignage le mieux senti de ma reconnaissance.

Je sais bien que la Société d'Agriculture n'a pas encore sanctionné les conclusions de M. Mazel, et, sous ce rapport, je suis le premier à apprécier sa prudente réserve ; car, il est indispensable que vous soyez tous convaincus de la praticabilité d'un projet qui apporte un changement profond dans les lois et les idées économiques qui régissent depuis des siècles l'agriculture au point de vue du crédit.

J'ai dû répondre par un complément aux objections formulées dans le *Journal de Toulouse* du 13 avril 1867, par l'un de vos membres les plus distingués, que l'on m'a dit être M. le docteur Gourdon. Ce complément a fait l'objet du nouveau rapport que vous venez d'entendre et qui confirme les premières conclusions.

Enfin, depuis la publication de cette dernière brochure, l'honorable M. Duboul a cru devoir formuler des critiques sur mon projet dans le journal de la Société. La conclusion de mon honorable contradicteur est que mon système de crédit part d'une illusion pour aboutir à l'impossible. J'aurais désiré trouver dans son article autre chose que des affirmations sans preuves. Je suis prêt à répondre à ses objections, comme à toutes celles qui me seront présentées, si la Société veut bien m'y autoriser.

Toutefois, malgré les dissidences qui nous séparent, M. le

docteur Gourdon et M. Duboul me permettront de leur adresser mes plus sincères remerciments; car, en me faisant l'honneur de discuter mon projet, ils ont démontré l'utilité et l'opportunité d'une institution qui se rattache essentiellement aux progrès de l'agriculture.

———

La Commission désignée par la Société d'Agriculture de la Haute-Garonne se compose de :

MM. MAZEL, Avocat.

DUBOUL, Propriétaire.

LANGLADE, Président de la Chambre de commerce.

Docteur GOURDON, Professeur à l'Ecole Vétérinaire.

TEXEREAU DE LESSERIE, propriétaire.

MM. MARTEGOUTE, Président, et CAUSSÉ, Secrétaire général de la Société, font, de droit, partie de la commission.

EXPOSÉ

Il ne me paraît pas nécessaire de présenter avec quelque développement la triste situation de la propriété foncière rurale et de l'agriculture. C'est un tableau que chacun a sous les yeux, et qui constate *l'infériorité des moyens d'action et de production de l'agriculture par rapport à ceux de l'industrie et du commerce.*

Les causes de cette situation et de cette infériorité se trouvent trop exactement indiquées par l'un des plus illustres maîtres de l'économie politique, pour qu'il ne me soit pas permis de m'appuyer sur son autorité.

Dans son admirable livre intitulé : *La Monnaie*, M. Michel Chevalier, à propos des plans financiers qui consistent à *monnayer* la terre (*), écrit les lignes suivantes :

« Quand l'agriculture se plaint et demande pour remède à ses » maux l'émission de *bons* hypothécaires, par exemple, elle ne » voit pas que ce qui lui fait défaut et ce qui manque autour » d'elle dans la société, c'est le capital, et très particulièrement » cette sorte qui est le capital de roulement. Si les agriculteurs » avaient leurs greniers bien pourvus de fourrages ou de grains,

(*) *La Monnaie*, section XV, chap. IV, page 670. Édition de 1866.

» leurs celliers remplis de vin, leurs étables bien garnies, leur
» provision de fumier grande et de bonne qualité, et si autour
» d'eux les autres industries étaient dans une situation sembla-
» ble, ils seraient au-dessus de leurs affaires et ne gémiraient
» pas. »

D'un autre côté, je trouve les lignes qui suivent dans un dis-
cours prononcé au Sénat, le 10 février 1866, par M. le comte
de Beaumont :

« L'agriculture, depuis 60 ans, dit-il, n'a augmenté ses pro-
» duits que de 33 p. 0/0, tandis que l'industrie, dans la même
» période, a vu ses valeurs s'élever de un à cinquante milliards.
» Elle a dû, en partie, ses progrès à l'établissement d'institutions
» de crédit, et notamment à la création de la Banque de France. »

Une telle situation et de pareils résultats ne sont-ils pas la
preuve éclatante d'un défaut d'équilibre dans les moyens d'action et de production de l'agriculture et de l'industrie ? Certes,
nul ne saurait avoir la prétention d'établir une égalité parfaite
entre ces moyens ; mais il est possible de les faire concourir
plus efficacement et plus harmoniquement au bien-être général
et à la richesse sociale, en s'appuyant, pour les équilibrer, sur
les *forces* mises à la disposition des sociétés humaines.

Mon but, dans cet écrit, n'est pas d'indiquer tous les moyens
susceptibles d'améliorer la situation de l'agriculture. Mon incom-
pétence sur la plupart des matières que j'aurais à traiter m'im-
poserait d'ailleurs l'obligation d'y renoncer. Je me bornerai donc
à celui de ces moyens qui les domine tous par son importance
générale et sa nécessité actuelle, parce qu'il est l'un des plus
puissants leviers de toute production et de tout progrès : je veux
parler d'un établissement de crédit spécialement destiné au service de la propriété foncière rurale et de l'agriculture proprement
dite.

Si, en effet, ainsi que le dit M. Michel Chevalier, *ce qui manque
autour de l'agriculture dans la société, c'est le capital, et très
particulièrement cette sorte qui est le capital de roulement*, on
est naturellement porté à se demander pourquoi l'agriculture se

trouve privée d'une institution de crédit analogue à la Banque de France ; car celle-ci ne fut instituée, en 1800 , qu'à cause de l'insuffisance du capital et spécialement du capital de roulement.

La Banque de France, au moyen d'un instrument de crédit appelé Billet de Banque, qui est susceptible de devenir un utile auxiliaire de la circulation, et par conséquent de faire fonction de monnaie, parvient à escompter, à un taux inférieur à celui des banquiers, les valeurs du commerce et de l'industrie qui lui sont présentées dans les conditions de ses statuts. Qui donc empêcherait la propriété foncière rurale de se servir du même procédé ?

La question se réduit à savoir si le Billet de Banque utilisé à l'escompte des billets de commerce à courte échéance, peut être appliqué aux prêts à long terme indispensables à la propriété foncière rurale ; car tous ses produits exigent au moins une année, et quelquefois plusieurs années, pour être livrés à la consommation.

On peut tout d'abord affirmer que les conditions et les procédés de l'escompte commercial, au moyen des Billets de Banque, ne sauraient être utilement appliqués aux prêts *à long terme*. La solidarité même de trois signatures, telles que les exige la Banque de France, serait sinon illusoire, du moins susceptible d'entraîner des complications inextricables au point de vue d'une responsabilité qui devrait se prolonger sans délai déterminé — Pour éviter les graves inconvénients de cette responsabilité indéfinie, on a proposé l'émission de bons hypothécaires ; mais avec ce moyen, on se heurtait fatalement contre l'obstacle de l'insuffisance du capital, malgré l'appât de l'intérêt attaché à ces bons ; et comme l'intérêt à payer dans de telles conditions doit être supérieur au taux du revenu , ce procédé ne saurait être utile ni avantageux à l'agriculture.

La Société du Crédit Foncier elle-même, fondée avec une subvention de l'Etat, s'est trouvée, à cause de l'élévation du taux de l'annuité, réduite à l'impuissance au point de vue des prêts à la propriété foncière rurale. Il devait en être ainsi , car c'est précisément à cause de la rareté du capital, que cette société de spéculation a dû maintenir à 6 fr. 06 c. p. 0/0 l'annuité nécessaire pour couvrir l'intérêt, les frais d'administration et l'amortissement des emprunts en 50 ans. Ce taux est une véritable dérision, en présence du revenu de la terre. Aussi cette société n'a pu prêter utilement qu'à la propriété foncière urbaine, aux grandes cités, aux communes et aux départements.

A mon sens, c'est au *crédit*, à la *confiance* du public, sous la forme de billets de Banque payables à vue et au porteur, et garantis par un *capital réel*, consistant dans la propriété foncière de l'emprunteur, qu'il est possible de demander les moyens de prêter *à long terme et sans location de capital.*

Le projet de statuts de mon système de Banque foncière qui accompagne ce travail, est trop développé pour qu'il soit nécessaire d'en indiquer ici le fonctionnement. Je vais donc chercher à démontrer que la Banque foncière rurale peut utiliser avec avantage le billet de Banque appuyé sur la propriété rurale de chaque emprunteur aux prêts à long terme.

La première objection qui se présente à l'esprit des personnes étrangères à la langue de l'économie politique, c'est que les billets de Banque reposant sur le sol, constitueront un papier-monnaie.

Il est certain que tout plan financier qui aurait pour but de nous ramener au papier-monnaie ou aux assignats de la Révolution, serait justement repoussé par le public. On peut admettre qu'un gouvernement soit chargé de la fabrication et du poinçonnage de la monnaie métallique ; mais il ne saurait, pas plus que des particuliers, devenir fabricant d'un papier-monnaie qui naturellement aurait cours forcé, lors même que ce papier-monnaie ne reposerait que sur une partie de la valeur du sol ; car « *il n'est pas possible*, dit avec juste raison M. Michel Chevalier, » dans le chapitre déjà cité, *de monnayer la terre, c'est-à-dire* » *d'assurer le cours d'un papier-monnaie en assignant pour* » *gage à ce papier des propriétés territoriales.* »

Donc, tout plan financier qui voudrait procéder *par le monnayage du sol*, serait absolument impraticable. Malheureusement, la science économique est si peu répandue, qu'il n'est pas rare de rencontrer des esprits, supérieurs sous d'autres rapports, portés à assimiler les billets de Banque au papier-monnaie. La différence est pourtant profonde ; car le papier-monnaie ne peut être fabriqué que par l'État et circule *obligatoirement* au même titre que la monnaie. Il aboutit fatalement à la dépréciation et à la banqueroute, si, comme on la vu, il est fabriqué sans mesure par un État en détresse, et surtout s'il repose sur des propriétés même légalement confisquées, comme les assignats de sinistre mémoire.

Le billet de Banque n'a aucune espèce de parenté avec le papier-monnaie : car il ne remplace pas la monnaie. Il est encore l'objet de controverses fort animées et très contradictoires entre les économistes les plus éminents. Cependant, tous sont d'accord sur ce point, qu'il ne saurait être assimilé au papier-monnaie, tant qu'il n'est pas imposé au public par le cours forcé. Il reste, à mon avis, beaucoup à dire sur le billet de Banque, tel que nous le connaissons par son emploi appliqué à l'escompte industriel et commercial, et aux avances sur valeurs mobilières et sur matières précieuses.

Cette application exclusive laisse en dehors des lois économiques du crédit à bon marché la propriété foncière rurale et l'agriculture, soumises par suite aux exigences du capital.

Je vais donc essayer de définir aussi clairement que possible les caractères et le rôle du billet de Banque. Je démontrerai que non-seulement il peut être utilisé pour des *prêts à long terme*, mais que dans les conditions où la Banque foncière effectuera son émission, il sera à l'abri de toute espèce de risques. J'espère enfin parvenir à démontrer qu'en vertu de cette sécurité absolue, le billet de la Banque foncière est destiné dans l'avenir à prendre la place de tous les billets émis par les Banques d'escompte commercial, libres, privilégiées ou monopolisées.

Le billet de Banque n'est pas autre chose qu'un instrument de crédit. C'est un certificat constatant que la Banque qui l'émet a reçu en échange une contre-valeur, au moins équivalente, laquelle devra être payée en monnaie dans un délai déterminé.

Le billet de Banque est un billet à ordre perfectionné qui parvient à faire fonction de monnaie, tant que le public lui accorde sa confiance, mais qui peut être refusé par quiconque lui préfère la monnaie. C'est une promesse de payer à vue, au porteur, en espèces une somme déterminée ; cette promesse de payer à vue représente elle-même dans les Banques d'escompte commercial d'autres promesses de payer, à terme fixe, revêtues d'un certain nombre de signatures solidaires. Celles-ci sont la représentation de la valeur de produits consommés, à consommer et quelquefois à créer. Une Banque n'a aucun privilége sur ces produits, pas plus que sur l'*avoir* du souscripteur ou des endosseurs. La *confiance* dans la moralité et l'exactitude dans les paiements des signataires est la seule garantie qui serve de base pour l'admission à l'escompte. Les billets escomptés au moyen des billets de Banque peuvent être exposés à un certain aléa. C'est pourquoi les Banques d'escompte sont fondées par des actionnaires fournissant un capital d'assurance, *inférieur* à l'émission et destiné à couvrir les avaries du porte-feuille.

Le billet de Banque n'est donc en définitive qu'un billet à payer et ne saurait en conséquence constituer un *capital* ; car ce n'est pas à l'*actif social*, pas plus qu'à l'*actif* d'une banque ou à celui d'un particulier, que ces engagements peuvent figurer. Leur place est au PASSIF. C'est une *dette*, non un *avoir*. En fin de compte, tout Billet de Banque doit aboutir au paiement en espèces, lorsqu'il est retiré de la circulation.

Les conditions essentielles qui peuvent inspirer au public une confiance suffisante pour qu'il accepte les Billets de Banque presqu'au même titre que la monnaie, consistent :

1° Dans la certitude que les billets au porteur seront échangés à vue contre des espèces ;

2° Dans la certitude que dans le cas d'une liquidation normale ou forcée, le remboursement intégral des billets pourra être effectué dans un délai qui, pour les Banques d'escompte commercial, ne doit pas dépasser la limite extrême des échéances du portefeuille.

Pour remplir la première condition, une Banque a besoin de constituer, au fur et à mesure des escomptes, un encaisse métallique indépendant du capital d'assurance fourni par les actionnaires. A cet effet, elle doit, d'après le calcul des probabilités et l'expérience, maintenir cet encaisse au quart environ de l'émission, et elle le réalise au moyen de billets créés en dehors des besoins de ceux destinés à l'escompte. On comprend aisément que ces billets créés pour l'encaisse ne présentent aucun danger, puisqu'ils y sont représentés, soit en totalité par des espèces, soit partie en numéraire et partie en billets proportionnellement à l'émission.

Quant à la seconde condition, il est certain que si une Banque n'a livré ses billets que contre des valeurs dont les signatures, quel qu'en soit le nombre, présentent toute sécurité, les porteurs de billets à vue ne sont exposés à aucune perte, pas plus que les actionnaires. Dans le cas contraire, le capital fourni par ces derniers est destiné, avec les réserves que la Banque a pu accumuler, à couvrir les avaries de la matière escomptable. Ce même capital devrait toujours être conservé en espèces, car, en le transformant en valeurs mobilières, on l'expose à un aléa, qui s'ajoute à celui des billets escomptés et des avances faites par une Banque. On ne saurait méconnaître, et les faits le démontrent, que cet aléa impose aux Banques commerciales de n'escompter que des billets à *courte échéance*, précisément parce que, par l'aléa du portefeuille et celui du capital, les billets au porteur sont exposés au cours forcé, et ne présentent par conséquent qu'une *sécurité relative*.

En résumé, le Billet de Banque est un billet payable à vue en espèces, qui devient un puissant auxiliaire de la circulation monétaire, en vertu de la *confiance*, du *crédit*, pour tout dire, que le public lui accorde et qu'il peut lui retirer quand bon lui semble. En l'acceptant, le public ne reçoit donc pas l'équivalent de la monnaie, mais il devient *créancier volontaire* de la Banque. S'il n'exige pas d'intérêt, c'est parce qu'à toute heure il a le droit d'en réclamer le paiement en monnaie. Donc les Billets de

Banque ne constituent pas un *capital*. Je ne saurais trop insister sur ce point.

La monnaie métallique, au contraire, qu'on a appelée avec raison la marchandise par excellence, et qui, du consentement universel, a été adoptée comme étalon de valeur dans les échanges, est un capital réel qui doit toujours figurer à l'*actif*, à l'*avoir*.

Lorsque, par l'épargne, on est parvenu à en posséder une quantité quelconque, la monnaie devient un capital susceptible d'être prêté à celui qui en a besoin, moyennant un intérêt qui est légitime et qui n'a pour limites que la loi de l'offre et de la demande, mais, avant tout, l'appréciation par le prêteur de la responsabilité de l'emprunteur.

Cet intérêt se compose toujours :

1° De la valeur de location du capital, laquelle représente le cours général du loyer du capital-monnaie;

2° D'une quotité variable selon les risques ;

3° Des frais d'administration et de gestion, s'il s'agit d'un banquier ou d'un établissement de crédit, tel qu'une Banque d'émission.

La *gratuité du crédit* est donc bien une chimère, tant qu'il s'agit de capitaux provenant de l'épargne. Mais en est-il de même lorsqu'on fait usage de Billets de Banque payables à vue, au porteur ? C'est ce que je vais examiner.

Quoique les billets au porteur d'une Banque ne constituent pas un capital, puisqu'ils sont uniquement des billets à payer, ils n'en sont pas moins de précieux instruments de crédit et de puissants auxiliaires de la circulation. Ils ont sur le billet à ordre, à échéance fixe, l'avantage de faire fonction de monnaie, en vertu du crédit qui leur est GRATUITEMENT octroyé par le public. Dès-lors, il m'est permis de rechercher les éléments qui doivent servir à fixer le taux de l'escompte d'une Banque monopolisée telle que la Banque de France.

Si le capital des actionnaires eût été conservé intact, par conséquent improductif dans les caves de la Banque, le prix du loyer de ce capital devrait être compris dans le taux de l'escompte, avec

2

une certaine quotité pour les risques de la matière escomptable et tous les frais quelconques d'administration Mais ce capital d'assurance est converti en effets de la dette publique, ou en avances à l'Etat. Par suite, la Banque perçoit les arrérages attachés à ces titres ; et comme ces arrérages représentent le taux général de l'intérêt de cette sorte de valeurs mobilières, y compris une très-légère quotité pour les risques, le prix du loyer de ce capital ainsi placé ne saurait légitimement entrer en ligne de compte pour établir le taux de l'escompte ; car les opérations de la Banque de France sont effectuées avec les billets dont ce capital constitue l'assurance en même temps que celle de la matière escomptable.

La Banque de France ne peut donc équitablement exiger, quant à ce qui concerne l'émission, que les risques de la matière escomptable et tous les frais d'administration : ou, ce qui est équivalent, elle n'a droit qu'aux bénéfices d'un assureur, par la raison que *la valeur de location du capital ne saurait exister là où il n'y a pas de capital employé*.

Donc, les billets à vue que la Banque de France livre contre la matière escomptable, et que le public accepte presque au même titre que la monnaie, constituent UN CRÉDIT ABSOLUMENT GRATUIT AU PROFIT DE SES ACTIONNAIRES ; ce qui permet à cet établissement de procurer le crédit à très bon marché à ceux qui peuvent lui présenter des effets de commerce ou des valeurs mobilières remplissant les conditions des statuts.

LE CRÉDIT GRATUIT *existe donc pour les actionnaires de la Banque de France. Il en est de même pour toutes les Banques d'émission libres, privilégiées ou monopolisées, quant à ce qui concerne les billets à vue utilisés.*

On conçoit que pour maintenir la confiance du public et éviter les résultats désastreux qu'une altération de confiance, même légère, peut produire, il soit nécessaire, pour une Banque d'émission et d'escompte commercial, de n'admettre à l'escompte que des valeurs de premier ordre et présentant une sécurité presque absolue. C'est pourquoi la Banque de France exige au moins trois signatures reconnues solvables par un comité spécial : ce qui réduit considérablement les services qu'elle pourrait rendre au public nombreux qui donne le crédit *gratuit* à ses billets.

C'est parce que la situation des signataires peut être altérée, qu'elle a dû fixer à trois mois la limite extrême de l'échéance des Billets qu'elle escompte. Car sa monnaie fiduciaire ne repose en définitive que sur des promesses de payer représentant des produits sur lesquels, ainsi que je l'ai déjà dit, la Banque n'a pas plus de privilége que sur *l'avoir* des souscripteurs ou des endosseurs de sa matière escomptable. Sa position vis-à-vis de ses débiteurs faillis est identique à celle de tous les créanciers.

C'est pourquoi, enfin, une Banque d'émission et d'escompte commercial, en présence d'une matière escomptable exposée à une certaine part d'aléa, devrait conserver son capital d'assurance *constamment disponible*. En le transformant en une valeur *mobilisable*, fût-ce même en titres de rentes sur l'Etat, qui passent pour la plus solide des valeurs mobilières, elle s'expose nécessairement à voir le capital d'assurance perdre de sa valeur.

En effet, il suffit de se rappeler les résultats de cette transformation qui, en 1848, aboutit au cours forcé pour les Banques départementales comme pour la Banque de France. A ce moment, le cours forcé imposait au public un véritable *papier-monnaie*, et non plus une *monnaie fiduciaire*. — On n'aurait certainement pas été obligé d'avoir recours à ce moyen, si les Banques avaient gardé leur capital en monnaie, parce que la monnaie est la *seule* valeur mobilière qui réunisse à la qualité d'une *valeur constante* celle de la *véritable* et *réelle disponibilité immédiate*. Ajoutons que le placement du capital d'assurance serait moins exposé à perdre de sa valeur, s'il était placé en bons effets de commerce plutôt qu'en titres de rente. Car, dans le cas de commotions politiques, le crédit public est en souffrance et ces titres subissent fatalement une dépréciation qui en 1848, les fit descendre jusqu'à la moitié de la valeur pour laquelle ils avaient été achetés.

La conclusion de tout ceci, c'est que si le capital d'assurance d'une Banque d'escompte, *toujours inférieur à l'émission*, est transformé en *valeurs mobilisables*, telles que des titres de rente, ce capital est sans *utilité immédiate, au moment où il serait le plus nécessaire de s'en servir*. Cette transformation offre toujours des dangers ; car, la perte qu'il faut subir pour réaliser des valeurs mobilières, en cas de révolution politique ou de violentes crises industrielles, si elle n'enlève pas à la valeur mobilisable le caractère de *disponibilité*, l'empêche de conserver sa *valeur constante*, c'est-à-dire d'être *réalisable le plus immédiatement possible en espèces pour toute sa valeur*.

Par conséquent, une Banque d'escompte monopolisée, comme la Banque de France, qui a placé son capital d'assurance en effets de la dette publique ou en avances à l'État, doit, dans des circonstances extraordinaires et heureusement fort rares, aboutir fatalement au *cours forcé* qui est *le remède empirique d'une suspension de paiements*.

J'ajoute que le cours forcé ne peut cesser que lorsque les transactions ont repris leur cours normal : c'est alors seulement que les titres mobilisables ont repris *toute leur valeur*, précisément à un moment où il n'est plus utile d'en faire usage.

En résumé : 1° Le billet de la Banque de France repose sur d'autres billets à courte échéance, revêtus d'un certain nombre de signatures reconnues solvables par un comité d'escompte qui n'est pas infaillible; ces billets représentent, à l'escompte près, la somme de l'émission.

2° Les valeurs à trois signatures ne présentent le plus souvent que des garanties *morales*. Par conséquent ces valeurs ont une certaine part d'aléa. Cette matière escomptable, susceptible d'avaries, n'est assurée que par un capital de beaucoup *inférieur* à l'émission et versé par des actionnaires dont la responsabilité est limitée à la somme du capital versé; ce qui n'empêche pas le public d'y trouver, dans ces conditions, des garanties suffisantes.

3° Lorsque le capital des actionnaires est transformé en valeurs mobilières, il est fatalement exposé à une certaine dépréciation qu'on a vu descendre jusqu'à la moitié du capital d'assurance.

C'est encore un áléa qui vient s'ajouter à celui de la matière escomptable.

4° Une Banque libre, privilégiée ou monopolisée dans les conditions qui précèdent, peut être réduite à demander le cours forcé. Le public, de son côté, est exposé à le subir, souvent avec une dépréciation inévitable.

5° Pour ne pas laisser improductif le capital des actionnaires, il y aurait avantage pour une Banque et pour le public à placer ce capital en bonnes valeurs commerciales *à très courte échéance*; car cette sorte de valeurs est moins susceptible d'altération que les valeurs mobilières et notamment que les fonds publics.

6° L'acceptation du billet de Banque par le public presqu'au même titre que la monnaie, CONSTITUE LA GRATUITÉ DU CRÉDIT AU PROFIT DES ACTIONNAIRES pour tous les billets au porteur utilisés à l'escompte ou aux avances sur valeurs mobilières ou lingots par une Banque libre, privilégiée ou monopolisée.

7° Cette GRATUITÉ permet aux Banques d'émission de donner le crédit à meilleur marché que les escompteurs ordinaires.

8° Malgré l'aléa qui entoure le billet de Banque commercial, le public n'hésite pas à le préférer à la monnaie, à cause de sa commodité et de la sécurité RELATIVE qu'il présente.

Tels sont les caractères et les conditions qui donnent aux billets de la Banque de France, comme à ceux de toutes les Banques d'escompte, libres, privilégiées ou monopolisées, la faculté de faire fonction de monnaie.

Je suis loin de dire que ces conditions soient insuffisantes, et ma confiance est acquise à ces billets. Cependant je n'en affirme pas moins que, quelque faible que soit la part d'aléa qui les entoure, la sécurité n'en est que *relative*. Cette appréciation m'est bien permise lorsque des économistes qualifient le billet de banque d'*or supposé*, ou, ce qui est équivalent, de *fausse monnaie*. Si je ne vais pas jusque là, il y a longtemps que je suis convaincu que le billet de banque, tel que nous le connaissons, doit faire place, dans l'avenir, à un billet de banque remplissant les conditions de *sécurité absolue*; car ce caractère de *sécurité absolue* est *seul* susceptible de justifier le nom de *monnaie fidu-ciaire*, qui me paraît usurpé pour ce qui concerne les billets d'une Banque d'escompte commercial.

Le seul moyen de donner la *sécurité absolue* au billet de banque consiste à l'appuyer sur un véritable *capital*, réalisable en espèces, et d'une valeur de *beaucoup supérieure* à l'émission, et non sur un certain nombre de signatures solidaires, même flanquées d'un capital d'assurance de *beaucoup inférieur* à l'émission. Le sol est le *capital* qui, dans mon système, sert de garantie aux billets de banque; car il ne faut pas perdre de vue que la Banque Foncière a pour but *les prêts à long terme*, et que son billet de banque, CRÉDITÉ GRATUITEMENT PAR LE PUBLIC COMME CELUI DE LA BANQUE DE FRANCE, *doit être nécessairement à l'abri de toute espèce de risques pendant toute la durée des prêts.*

Pour inspirer au public une *confiance absolue*, et qui par con-séquent n'imposera jamais l'obligation d'avoir recours au cours forcé, il faut en outre :

1° Que la Banque Foncière rurale soit toujours en mesure de rembourser en espèces les billets qui seront présentés par les porteurs ;

2° Que dans le cas d'une liquidation normale ou forcée, le *remboursement des billets en circulation puisse être effectué in-tégralement, sans perte possible pour les porteurs.*

La première condition suppose la formation et le maintien d'un encaisse métallique proportionnel à l'émission. Je vais donc in-diquer les moyens de constituer cet encaisse.

Il est évident que pour réaliser cette condition d'une manière absolue, une Banque serait tenue de conserver constamment dans ses caisses une somme de numéraire égale à celle de l'émission. Dès lors, il n'y aurait aucune raison, aucun avantage à se servir d'un instrument de crédit susceptible, par sa solidité, de faire fonction de monnaie.

Du moment que le public a donné aux billets d'une Banque le crédit basé sur la certitude du remboursement intégral de l'émission, il ne fait usage de la monnaie que par nécessité. Le

billet, par sa commodité, est plus recherché que le numéraire;
et c'est, j'ose l'affirmer, parce que les coupures sont trop fortes
pour les paiements de peu d'importance (tels que les salaires et
les menues dépenses), que le public va les échanger à la Banque
contre des espèces. Il suffit, en conséquence, de déterminer la
proportion de l'encaisse métallique destiné à l'échange des billets.
Le calcul des probabilités et l'expérience ont fixé cette proportion
à environ le quart de la somme des billets émis. Mais comment
constituer l'encaisse métallique, qui doit être indépendant du
capital de garantie?

Pour former cet encaisse, il n'y a qu'un procédé rationnel et
pratique. Ce procédé consiste à créer une réserve de billets égale
au quart ou au tiers au plus de l'émission, et à les réaliser en
espèces *au fur et à mesure des prêts*, car il n'est pas nécessaire
que cet encaisse soit formé d'avance. L'essentiel est que la
Banque Foncière rurale, avant de commencer ses opérations,
s'assure des moyens de réalisation, qu'elle trouvera :

1° Dans les caisses de l'Etat, par l'échange des billets de la
réserve contre des espèces;

2° Dans les dépôts faits par les particuliers à la 2° section ;

3° Dans les rentrées des valeurs à courte échéance du portefeuille de la 2° section (ces trois moyens sont les sources nor-
males de l'encaisse métallique) ;

4° Dans l'échange volontaire des propriétaires fonciers ruraux
qui auront intérêt à maintenir l'encaisse ;

5° Dans l'encaisse métallique de la Banque de France.

La réserve des billets spécialement destinés à la formation et
au maintien de l'encaisse métallique doit toujours rester proportionnelle aux billets en circulation ; et l'on conviendra que ce
supplément d'émission n'offre aucun danger, pourvu que cette
réserve soit *permanente* et représentée constamment dans l'encaisse, pour sa *totalité*, par une égale somme de monnaie, ou
partie en billets et partie en espèces. Il importe seulement que
cette réserve ne reçoive pas une autre destination.

La Banque foncière ne saurait, dans aucun cas, voir son encaisse métallique démesurément augmenté, comme il l'est, à certains moments, à la Banque de France. Il n'y a pas à redouter l'accumulation de numéraire, par la raison que les opérations de la première ne se renouvellent pas aussi fréquemment que les escomptes de la Banque de France, et que les billets ne peuvent être créés qu'au fur et à mesure des emprunts, et exclusivement pour eux. C'est seulement à la 2ᵉ section de la Banque Foncière que, soit par l'escompte, soit par les prêts sur consignation de denrées à courte échéance, les opérations se renouvelleront avec une certaine activité, et contribueront puissamment, par les fréquentes rentrées des valeurs du portefeuille, au maintien de l'encaisse métallique. Mais, comme pour les opérations de la 2ᵉ section, il ne peut être créé aucun billet, l'encaisse ne sera jamais supérieur à la somme de la réserve des billets destinés à le former et à le maintenir. L'encaisse sera donc toujours proportionnel à l'émission.

La question de la formation et du maintien de l'encaisse métallique me paraît très secondaire au point de vue de la réalisation de la Banque Foncière rurale. Il y a d'autant moins de raison de se préoccuper de la formation et du maintien de l'encaisse, que la Banque foncière se compose de la banque-mère et de 372 banques-filles ou succursales, disséminées sur divers points de la France où se trouvent des caisses publiques. Ce nombre de succursales ne saurait effrayer que ceux qui ignorent que la France devrait posséder 5000 banques pour en avoir un nombre proportionnel à celui des banques qui existent en Écosse.

On conçoit dès-lors qu'il ne soit pas nécessaire de concentrer sur quelques points isolés de fortes réserves de numéraire, les succursales pouvant, sans trop de frais, concourir à la formation et au maintien de l'encaisse métallique par des envois d'espèces vers les points où manque le numéraire. Il suffit, comme je viens de le dire, que l'État accepte les billets de la Banque en paiement de l'impôt, et qu'il permette à celle-ci d'échanger dans les caisses publiques une partie de ses billets de réserve, pour la formation et le maintien de l'encaisse métallique. Par ce moyen, cet établissement de crédit pourrait se passer complètement des versements d'une partie des recettes du trésor, qu'il faudrait conserver d'ailleurs constamment disponibles et qui, par conséquent, deviendraient inutiles à la Banque Foncière; car il ne faut pas oublier qu'il ne lui est pas permis de créer des billets, même pour les échanger contre des espèces, en dehors des emprunts hypothécaires et des proportions nécessaires à la formation de l'encaisse métallique. Quant aux dépôts des particuliers, on peut affirmer d'avance qu'ils deviendront pour l'encaisse un aliment d'autant plus puissant, que ces dépôts seront à l'abri de tous risques pour les déposants, remboursables presqu'au moment de la demande, et jouissant d'un intérêt que la Banque de France n'accorde pas.

Les grands et les petits propriétaires fonciers ruraux, les agriculteurs et les cultivateurs qui auront un puissant intérêt à faire fonctionner une Banque destinée à leur rendre des services, s'empresseront, je l'affirme, à procurer à leur Banque les moyens de rendre facile l'échange des billets, en venant échanger contre des billets toutes les espèces dont ils pourront disposer, s'ils ne peuvent pas les laisser en dépôt avec intérêt. S'il n'y avait pas à compter sur cet élément, il faudrait leur supposer une indifférence bien inintelligente ; au reste, l'usage des billets de Banque est tellement répandu aujourd'hui jusques dans nos villages, qu'il n'y a pas à se préoccuper outre mesure de la formation et du maintien de l'encaisse métallique. Car le public demandera d'autant moins à échanger les billets contre des espèces, que la Banque foncière lui fournira de plus faibles coupures. Ce résultat est démontré par la Banque de France elle-même, depuis qu'elle a livré à la circulation des billets de cent francs et de cinquante francs. D'ailleurs, il faut reconnaître que les faibles coupures seront d'autant plus utiles que les opérations d'escompte et d'avances de la 2e section de la Banque foncière se composeront de sommes moins importantes que celles des valeurs commerciales présentées à la Banque de France, et que le public des campagnes a plus besoin de petites que de fortes coupures. — Voilà pourquoi j'ai proposé des billets de 10 , 20 , 50 , 100 , 200, 500 et 1000 francs.

Enfin, comme on ne saurait trouver dans la coexistence de la Banque de France et de la Banque foncière la moindre trace de concurrence, puisque leurs attributions sont *absolument* distinctes, ne peuvent-elles pas se rendre de mutuels services, précisément au point de vue de leur encaisse métallique ? Ne peut-il pas à certains moments y avoir inutilité de numéraire dans les caisses de l'une pendant qu'il y a insuffisance dans les coffres de l'autre ?

Dans ce cas, s'il ne leur convient pas d'échanger à titre gracieux les espèces contre des billets, ne pourront-elles pas effectuer les échanges nécessaires au moyen d'une légère prime ? A mon sens elles devront échanger réciproquement contre des espèces, les billets de l'une et de l'autre présentés par le public; car la propriété foncière, l'agriculture, l'industrie et le commerce ont des intérêts communs qui les rattachent à la loi de solidarité universelle. Les Banques d'escompte commercial et industriel et les Banques foncières rurales et agricoles qui ont toutes pour but : le *crédit facile et à bon marché*, seraient-elles destinées à vivre en ennemies ? Non, ce n'est pas possible. Je terminerai donc par quelques lignes ce qui a trait à la formation de l'encaisse métallique.

On a prétendu que cet encaisse ne pouvait être constitué et maintenu que par les versements des recettes du trésor. On cite à cet égard l'exemple de la Banque de France. A cette affirmation, je pourrais répondre en demandant à mon tour, comment les quelques centaines de Banque d'émission qui depuis 150 ans fonctionnent en Écosse, comment les Banques anglaises, indépendantes de la Banque royale de Londres, comment les diverses Banques des États-Unis et d'ailleurs, parviennent, sans le concours de l'État, à former leur encaisse métallique. En admettant même qu'en l'an VIII le gouvernement ait eu l'unique but de favoriser, par ses versements, la formation de l'encaisse métallique de la Banque de France, il resterait à savoir comment la caisse du commerce, le comptoir commercial et d'autres établissements similaires qui avaient le droit d'émission et qui disparurent ou furent fusionnés avec la Banque de France monopolisée pou-

vaient constituer l'encaisse destiné à l'échange de leurs billets.
Enfin, si nous portons nos regards sur la situation actuelle de
la Banque de France, comment se fait-il que, depuis la déplorable et trop longue stagnation des affaires, cet établissement
soit parvenu à accumuler dans ses caisses plus d'un milliard de
numéraire, lorsque les dépôts du trésor ne s'élèvent pas à plus de
60 à 70 millions, et qu'ils arrivent rarement à atteindre le
chiffre de 150 millions.

N'est-il pas constant que les crises ont pour résultat d'altérer
la confiance générale et par conséquent le crédit, et de rendre
plus difficile la rentrée de l'impôt? A quelles causes faut-il donc
attribuer la pléthore actuelle de l'encaisse de la Banque de France,
si ce n'est à la rareté des transactions, mais surtout à la confiance du public dans le billet de Banque dont l'usage si répandu
depuis quelques années justifie la commodité et la solidité relative? D'ailleurs, est-ce que l'État peut laisser à titre de *réserve
permanente* les fonds qu'il verse à la Banque de France? Ces
dépôts ne sont-ils pas constamment exigibles soit en monnaie,
soit en billets de Banque, puisqu'ils ont une affectation spéciale
dans le budget de l'État? Est-ce qu'à un moment donné l'État
ne peut pas avoir besoin de toutes ses ressources? Dans ce cas,
les versements peuvent être réduits à une somme relativement
insignifiante; et, si la Banque n'avait que ce moyen pour former
son encaisse métallique, elle serait bien vite débordée.

Ce n'est donc pas uniquement par les versements du trésor
que cet établissement de crédit peut constituer et maintenir son
encaisse métallique. Ils y contribuent sans doute dans une certaine proportion, mais ils ne sont pas indispensables. Il suffit,
à mon sens, que *l'État accepte les billets de Banque en paiement de l'impôt, et qu'il permette à la Banque d'en échanger
contre des espèces dans les caisses publiques.* C'est ainsi que l'État
concourt utilement à inspirer la confiance au public et à former
ou maintenir *une partie seulement* de l'encaisse métallique.

Au surplus, il me paraît utile de rappeler ici qu'en l'an VIII,
l'État ne fit pas verser, sans conditions, toutes ses recettes dans les

caisses de la Banque de France. A cette époque, la France manquait de numéraire, et le billet de Banque avait à lutter contre le souvenir du système de Law et celui des assignats de la Révolution. Le gouvernement, désirant propager l'emploi de cet instrument de crédit, si nécessaire alors, donna à la Banque de France le monopole de l'émission. Il fit verser, en outre, dans ses caisses le montant des cautionnements reçus par la caisse des dépôts et consignations, ainsi que tous les fonds encaissés par les receveurs-généraux.— Cette mesure avait le double avantage, de concourir à la formation de l'encaisse métallique, en faisant passer dans les caisses de cet établissement tout le numéraire provenant des impôts, mais surtout d'inspirer toute confiance au public depuis trop longtemps habitué, comme il l'est encore, hélas! aujourd'hui, à ne rien accepter sans l'intervention et la tutelle du gouvernement.

Malheureusement, en retour de ces concessions, l'Etat eut la fatale pensée de faire de la Banque de France un auxiliaire du trésor. Les besoins étaient urgents : l'Etat puisait à pleines mains dans les coffres de la Banque, et obligeait même cet établissement naissant, à ouvrir des crédits illimités à ses fournisseurs. — Etait-ce bien là, à cette époque surtout, un moyen susceptible de fortifier la confiance du public et de maintenir l'encaisse dans des proportions suffisantes? Aussi, à un moment donné, l'Etat ne put faire face à ses engagements envers la Banque, pas plus qu'à ceux des fournisseurs. Le découvert fut démesurément augmenté, et la Banque se trouva en présence de billets au porteur qu'elle était dans l'impossibilité de rembourser. Sa monnaie fiduciaire perdit dans la confiance du public, et la dépréciation atteignit le chiffre de 10 0/0.

Telles furent les conséquences de l'intervention de l'Etat comme EMPRUNTEUR, *sans autre garantie que les ressources de l'impôt*, et comme CRÉDITEUR de ses fournisseurs imposés à la Banque de France devenue l'auxiliaire du trésor. Avec son organisation actuelle, cet établissement de crédit ne saurait plus être exposé à de semblables mécomptes.

La seconde condition essentielle pour inspirer au public une *confiance absolue* consiste dans la certitude que dans le cas d'une liquidation normale ou forcée, les billets lancés dans la circulation *pourront être remboursés sans perte possible pour les porteurs*.

Pour remplir cette condition capitale et qui est la base de mon système de crédit foncier rural et de crédit agricole combinés, il ne m'est pas permis, en présence de prêts à *long terme*, de faire reposer les billets de Banque sur des lettres de change ou des billets à ordre signés par un certain nombre d'emprunteurs. Ce procédé n'aboutirait qu'à une sécurité illusoire et par conséquent inacceptable. Il serait plus que téméraire d'appuyer le billet de la Banque foncière sur la responsabilité morale d'un nombre quelconque de signatures, quelle que dût être l'honorabilité des souscripteurs et des endosseurs. D'ailleurs, les trois signatures exigées par la Banque de France sont en général le résultat de deux transactions d'échange de produits ou de valeurs, dont la réalisation définitive permet d'espérer, sinon d'assurer absolument, le paiement des billets à ordre par l'un des trois signataires solidaires, ce qui ne saurait exister pour des billets revêtus de signatures de propriétaires qui auraient besoin d'emprunter à *long terme*. Mais quel est le propriétaire qui consentirait à s'engager pour son voisin dans un emprunt de cette nature ? Quelle complication et quelles difficultés ne résulterait-il pas d'un pareil procédé! En conséquence, tout en restant *fidèle à l'unité de principes*, j'ai dû chercher à faire appel à la *variété* des moyens.

On conçoit que dans les Banques d'émission et d'escompte commercial dont les billets reposent sur des engagements d'une valeur purement morale et sur un capital d'assurance de beaucoup *inférieur à l'émission*, il ait fallu exiger la condition de la *courte échéance* : car la situation des divers signataires peut être altérée par une foule d'événements imprévus. — C'est aussi à cause de l'*aléa* attaché à cette matière escomptable qu'une Banque d'escompte commercial devrait tenir constamment *disponible* le capital d'assurance versé par les actionnaires. Cette dernière condition n'existe plus depuis longtemps pour la plupart des Banques de l'Europe, et je ne crains pas de dire que cette situation est un argument d'une haute importance en faveur de mon système de Banque foncière rurale.

Mais lorsqu'il s'agit de prêts à long terme, il faut que tout aléa disparaisse et que les billets de Banque soient susceptibles d'inspirer au public *une confiance absolue pendant toute la durée du prêt.* J'ai dû, par conséquent, asseoir les billets de la Banque foncière rurale sur *un véritable capital et limiter l'émission, ou ce qui est la même chose, les prêts, à une somme de beaucoup inférieure à ce capital.*

La propriété foncière de chaque emprunteur constitue dans mon système le capital qui garantit le remboursement intégral des billets émis pour le prêt à *long terme*, que cet emprunteur est venu demander à la Banque. Par le fait seul de l'emprunt, le propriétaire emprunteur devient son propre prêteur, puisqu'il fournit par l'hypothèque un capital réalisable en espèces pour une valeur environ triple de celle des billets à vue qui lui sont remis. En effet, l'émission est limitée pour chaque emprunteur à la moitié de la valeur du *sol nu*, non compris les habitations, les fermes, les plantations, les récoltes de toute nature, ou même certaines améliorations susceptibles d'être altérées. Dans ces conditions, l'émission ne représenterait au plus que le tiers de la valeur vénale de la propriété de l'emprunteur. On ne saurait, ce me semble, contester la solidité de ces billets ; car, quoique le sol n'ait pas la qualité de conserver une valeur constante comme la monnaie, il ne pourrait jamais subir une dépréciation égale aux deux tiers de sa valeur vénale au moment où le prêt a été effectué.

On m'a objecté que le sol n'est pas une valeur mobilisable comme la rente sur l'État, et qu'il ne peut pas servir de capital de garantie à une Banque d'émission. Je réponds :

De même que *la monnaie est la marchandise, la valeur mobilière par excellence, le sol est la valeur immobilière par excellence.* Ceci me paraît incontestable. Pourtant, je dirai : Non, le sol n'est pas une valeur *mobilisable*, si par cette expression on a la prétention d'emporter dans sa poche un hectare de terre, comme on y place un titre de rente, ou comme on expédie un produit sur un wagon. Car le sol n'est divisible que par fractions superficielles.

Mais si par *mobilisable* on veut dire *disponible*, ou *réalisable en monnaie*, je réponds : Le sol est la première et la plus sûre de toutes les valeurs mobilisables. Ce caractère essentiel le rend plus propre que les titres de rente à servir de *garantie* au billet de banque, surtout si l'émission, contrairement à ce qui se passe dans les banques commerciales, est de *beaucoup inférieure à la valeur du sol hypothéqué.*

En effet, le sol est un véritable capital ; il est la source de toutes les matières premières, et je peux dire de tous les capitaux matériels. Il est en même temps le plus indispensable des instruments de travail, la machine la plus parfaite des produits les plus nécessaires à l'humanité. L'étendue en est limitée, mais sa fécondité est inépuisable. Il serait possible peut-être de remplacer la monnaie métallique actuelle, mais il n'y aurait aucun moyen de remplacer le sol. A ces titres, le sol possède une supériorité de valeur incontestable sur toutes les valeurs connues. Cependant, quoiqu'il soit soumis à la loi de l'offre et de la demande, il est d'autant plus recherché que l'homme est naturellement porté à s'en approprier une parcelle ; car il y trouve pour son épargne le placement qui offre le plus de sécurité, et pour son activité un instrument de travail inépuisable. D'où il suit que la valeur du *sol* tend plutôt à *augmenter* qu'à *diminuer*, et que dans les crises commerciales ou les révolutions politiques, il éprouve une dépréciation infiniment moins sensible que celle qui affecte les valeurs mobilières.

Ces caractères ne sont-ils pas suffisants pour donner au sol la propriété de garantir *absolument* le paiement intégral des billets émis par la Banque foncière, lorsque l'émission est tout au plus égale au tiers de la valeur du premier et du plus utile des capitaux, et que le remboursement intégral est préparé par la quotité annuelle capitalisée pour l'amortissement de la dette et par conséquent des billets ?

Ces billets ne présenteront-ils pas cette *sécurité absolue* à laquelle ne sauraient jamais atteindre ceux d'une banque d'escompte commercial, libre, privilégiée ou monopolisée ?

En un mot, les billets de la Banque Foncière sont à l'abri de toute espèce de risques, et par conséquent ne seront même pas exposés au cours forcé.

Après tout ce que je viens de dire sur les conditions essentielles qui peuvent donner au billet de la Banque Foncière rurale la faculté de faire fonction de monnaie, on ne saurait douter du caractère de *perpétuité* que donnerait à la Banque Foncière l'emploi d'une monnaie fiduciaire véritablement à l'abri de toute espèce de risques. Par conséquent, il n'y a pas à s'occuper de l'hypothèse d'une liquidation forcée. Il suffit, en effet, qu'on puisse débarrasser le plus rapidement possible la circulation, des billets émis pour des emprunteurs devenus insolvables, afin que la confiance du public reste entière. Mais je ne crois pas devoir passer sous silence les procédés de liquidation individuelle ou collective des emprunteurs ; car, soit qu'un emprunteur rembourse par anticipation, soit qu'il ne se trouve plus en mesure de remplir ses engagements, soit enfin qu'il paie régulièrement ses annuités jusqu'au terme où la capitalisation sera égale à l'emprunt, il faudra retirer de la circulation non-seulement les billets créés pour l'emprunt, mais encore une somme proportionnelle à la réserve affectée au service de l'encaisse métallique Le premier cas ne présente aucune difficulté. Dans le second, il est nécessaire d'abréger les délais relatifs à l'expropriation. A cet effet, la Banque Foncière doit demander à l'Etat de jouir des faveurs accordées à la société du Crédit Foncier de France par le décret du 28 février 1852. On sait que ce décret limite à dix semaines la date de la vente forcée, à partir du jour du commandement signifié au débiteur dans la forme prévue par l'art. 673 du Code de Procédure civile.

Dans ces conditions, il semblerait que la Banque Foncière rurale ne pourrait retirer de la circulation les billets créés pour l'emprunt d'un débiteur devenu insolvable qu'après l'expropriation

de ce débiteur, c'est-à-dire dans un délai de deux mois. Il n'en
sera pas ainsi : ces billets peuvent être retirés dans 24 heures
ou 48 heures au plus. En effet, la caisse de la 2ᵉ section conserve toujours une certaine somme disponible jusqu'à ce qu'elle
ait une réserve. Cette somme sera en billets ou en espèces. Si
elle est en billets, la Banque les détruira ou les mettra de côté
pour les employer exclusivement à de nouveaux prêts sur hypothèque. Si la somme est en espèces, celles-ci seront échangées
contre des billets, lesquels seront retirés, ainsi que je viens de
le dire. Enfin, si la somme en caisse n'est pas suffisante, cette
même 2ᵉ section possède un portefeuille de valeurs à 3 mois
d'échéance, au plus, composé des billets des agriculteurs admis
à l'escompte, ou des promesses de payer, représentant les avances sur consignation de denrées. La Banque peut négocier dans
les 24 heures une quantité suffisante de ces valeurs pour retirer
de la circulation les billets créés pour un débiteur devenu insolvable. Le public étant *immédiatement désintéressé*, la Banque
Foncière peut dès-lors choisir son moment pour exproprier le
débiteur, et suivre sans danger les formalités, *même actuelles*,
de l'expropriation. Par là, elle peut sauvegarder ses intérêts en
même temps que ceux de l'emprunteur insolvable.

Il me reste à parler de la liquidation de toute une période d'emprunts, je veux dire des emprunts contractés pendant une année
entière. Je suis naturellement obligé d'employer des chiffres. Je me
hâte toutefois de dire que si pour indiquer avec quelque clarté,
dans le projet de statuts, le fonctionnement de la Banque Foncière,
j'ai dû faire usage de nombres, ces nombres n'ont rien d'ab-
solu. Rien n'empêche, en effet, de porter le terme de l'amortissement à 50 ans, au lieu de 32 auquel je me suis arrêté, si l'on
veut pouvoir prêter à moins de 5 %, à la 2ᵉ section. Je n'y ver-
rais pour ma part aucun inconvénient, et il y aurait certainement
avantage pour l'agriculture proprement dite. En fixant à 32 ans le
terme de l'amortissement, je n'ai pas perdu de vue les événements
et les mécomptes qui peuvent survenir. Car à ce terme, au lieu
d'un milliard nécessaire pour retirer de la circulation l'émission

3

de la première année (si elle s'élève à cette somme), la Banque foncière aurait un milliard et demi en s'en tenant aux calculs rigoureux. Je ne crois donc pas avoir manqué de prévoyance en élevant jusqu'à 50 % le chiffre de l'imprévu. — Car le calcul fixe le terme de la capitalisation à 26 au lieu de 32 ans.

A ce moment les valeurs de la 2e section de la Banque foncière se composeront : soit de billets à ordre à 90 jours au plus, revêtus de deux signatures, s'ils sont le résultat de l'escompte, et à une signature, s'ils ont pour objet une avance sur consignation de denrées ; soit de titres mobiliers, tels que la rente sur l'Etat, les obligations de chemin de fer ou toutes autres valeurs devant rapporter au moins 3 % d'après les bases que j'ai adoptées, mais qui peuvent être modifiées. Une partie de ces valeurs sera réalisée au fur et à mesure des échéances, et, avec le produit, on retirera de la circulation les billets émis pour les emprunts de la 1re période.

Il est facile de comprendre que si , à partir de la première année jusqu'au terme de l'amortissement, la Banque foncière n'était pas autorisée à une nouvelle émission, elle ne pourrait recommencer les opérations de prêts à la propriété foncière rurale qu'après une période de 32 ans. — Si cette période était reculée à 50 ou 60 ans, on peut calculer combien de siècles s'écouleraient avant d'avoir débarrassé l'agriculture de la dette hypothécaire actuelle qui n'est pas moindre de 5 à 6 milliards. — Dans des conditions semblables, la Banque foncière n'aurait aucune raison d'être; car, elle ne serait créée qu'au profit du plus petit nombre de ceux qui auraient besoin de ses services.

Il faut donc examiner si la science n'a pas formulé des principes et si l'expérience ne nous fournit pas des exemples au moyen desquels il soit possible de justifier la *liberté d'émission.* — A cet égard la science dit avec raison que le billet de Banque n'étant pas un papier monnaie, mais au contraire constituant un billet à payer, une dette passive, *la liberté d'émission ne saurait être limitée que par la liberté de refus du public.* Elle ajoute que , *l'émission, dans les Banques d'escompte libres , privilégiées ou monopolisées n'a pour limites que la bonne matière escomptable.*

Tels sont les principes basés sur le bon sens et la raison. Ces principes ont été sanctionnés par la loi du 6 avril 1850, qui ne fixe plus de limites à la circulation des billets de la Banque de France. Depuis longtemps, d'ailleurs, ils sont appliqués par les quelques centaines de Banques libres d'Écosse.

Quelle raison y aurait-il donc de limiter l'émission de la Banque foncière rurale, tant que les emprunteurs peuvent fournir la contre-valeur exigée par les statuts ? Quel danger peut-il y avoir à accorder à la Banque foncière un droit que la Banque de France tient, non d'une faveur résultant de son monopole, mais en vertu d'une loi sanctionnant les principes de la science économique ?

Puisque tout le monde reconnaît que le capital de roulement est insuffisant en France, pourquoi priver la propriété foncière rurale et l'agriculture d'un instrument de crédit, dont l'industrie et le commerce font un usage si avantageux et qui peut, sinon le remplacer, du moins donner aux agriculteurs les moyens de s'en passer ? Ce serait un déni de justice : or, il est malheureusement trop vrai que l'agriculture produit à peine assez pour payer l'intérêt de sa dette hypothécaire. Si elle n'améliore pas ses procédés, si elle continue à payer un intérêt *supérieur à la quotité des revenus*, il est impossible qu'elle parvienne à rembourser le capital emprunté jusqu'ici à des conditions au dessus de ses forces productives.

Il faut donc de toute nécessité débarrasser la propriété foncière rurale de la lèpre qui la ronge, et lui donner le crédit à bon marché. C'est le remède spécifique et par conséquent efficace qu'il faut appliquer au plus tôt, sous peine de ruine pour les propriétaires écrasés sous les emprunts hypothécaires. C'est le seul moyen, en un mot, *d'équilibrer les moyens d'action et de production de l'agriculture avec ceux du commerce et de l'industrie.*

De cette transformation nécessaire, indispensable, pourra résulter une perturbation à cause de la somme des billets de Banque qui viendront s'ajouter dans la circulation générale à ceux de la Banque de France. Mais cette perturbation sera passagère et insensible, si l'on procède avec une certaine prudence. — Je ne crois pas avoir été bien exigeant, en proposant pour la 1re année l'émission d'un milliard , et en laissant à l'État, tuteur naturel des intérêts généraux, la faculté d'accorder annuellement l'autorisation d'une émission nouvelle et graduée.

En admettant donc qu'il se manifeste une certaine perturbation par ce surcroît de monnaie fiduciaire , elle ne pourra être que passagère et les avantages qu'on en retirera l'auront bientôt fait disparaître.

S'il fallait , d'ailleurs , s'arrêter à la perturbation produite par une plus grande quantité d'auxiliaires de la circulation ajoutée à ceux qui existent déjà, lorsque le capital de roulement est notoirement insuffisant pour les besoins généraux, et surtout avec la perspective des féconds résultats qu'ils doivent avoir pour l'agriculture , il faudrait renoncer à toute espèce de progrès. Or, tout progrès accompli dans un intérêt social produit une certaine perturbation de quelques intérêts particuliers. Toutes les fois que cette perturbation touche à des droits acquis , il faut les respecter ou les indemniser. Mais dans l'espèce , où sont les droits acquis? Il y a ici un progrès à réaliser , et, je le répète, s'il fallait s'arrêter à une perturbation passagère, l'humanité devrait se résigner à un *statu quo* heureusement impossible. Les machines , les chemins de fer, toutes les inventions et les applications nouvelles de procédés utiles et féconds n'auraient jamais dû sortir du cerveau humain. Il faudrait décréter la suppression de l'intelligence et du génie qui sont le trait-d'union entre Dieu et l'humanité !

Il est certain que tout d'abord, les prêteurs remboursés d'une partie de leur créance hypothécaire auront à se préoccuper du placement de leurs capitaux dans les meilleures conditions de sécurité et de revenu. — Car, depuis long-temps , depuis trop longtemps, ils trouvent commode de faire payer le loyer de leur capital au taux de 5 p. 0/0, contre des garanties impérissables.

Ils n'ont pas à s'inquiéter si le taux de l'intérêt est au-dessus du niveau des revenus de l'emprunteur. Il leur suffit d'avoir la certitude qu'en cas de non-paiement des intérêts, ils ont le droit d'expropriation, et qu'ils peuvent dormir sur les deux oreilles.

Cependant les titres de rente sur l'Etat, les obligations de chemin de fer, en un mot, les meilleures valeurs mobilières se placent sur le pied de 4 à 4 1/2 p. 0|0 au plus. Dans ce taux, se trouvent comprises une quotité pour la valeur de location du capital, et une quotité pour couvrir les risques attachés aux valeurs de cette nature.

La propriété foncière rurale, seule, a le ruineux privilége d'offrir un *véritable capital supérieur à la somme prêtée* pour contrevaleur de ses emprunts, et cependant elle paie un intérêt plus élevé que celui des valeurs mobilières et même le plus souvent que celui de l'industrie et du commerce, qui sont loin de présenter des garanties sans risques, puisque ces garanties sont toutes morales. En fait, l'intervention de l'Etat pour l'inscription hypothécaire, et celle du notaire pour la rédaction de l'acte, sans parler des intermédiaires, font ressortir l'intérêt payé par l'agriculteur de 6 à 7 p. 0|0, et dans certains cas, à un taux presque double.

Si donc la propriété foncière rurale trouve moyen de se faire donner GRATUITEMENT par le public le crédit dont elle a besoin, qui donc pourrait l'empêcher d'en user? Elle changerait tout simplement, et à son grand avantage, de créancier. De son côté, par la combinaison que j'ai indiquée, elle pourrait donner le crédit à bon marché aux agriculteurs proprement dits.

Et, qu'on ne m'oppose pas la raison que les créanciers hypothécaires actuels ont le droit d'exiger des espèces pour le remboursement de leur capital! Car ce remboursement en espèces est facile, pourvu que l'Etat accepte les billets de la Banque foncière en paiement de l'impôt, et en permette l'échange dans ses nombreuses caisses pour les besoins ordinaires de cet établissement. Après tout, pourrait-on s'arrêter à l'idée que les prêteurs remboursés garderaient indéfiniment leur numéraire dans un coffre-fort? N'auraient-ils pas peur d'être volés, et voudraient-ils

bénévolément se priver de revenus pour punir la Banque foncière ?
Ce serait admettre l'absurde.

Quant à l'emploi du capital remboursé, les capitalistes le trouveront dans l'escompte des billets de commerce qui ne remplissent pas les conditions exigées par la Banque de France. Ils
pourront établir des canaux d'irrigation pour l'agriculture débarrassée de sa dette hypothécaire, et qui sera en mesure de
payer les services qui lui seront rendus. Ses besoins sont si grands
d'ailleurs, qu'il n'y a pas lieu de se préoccuper à l'excès de
l'emploi des capitaux disponibles.

En effet, si l'industrie a pu, dans l'espace de 60 ans, porter
ses valeurs de un à cinquante milliards, tandis que celles de
l'agriculture ne se sont élevées que de 33 p. 0/0 dans la même
période ; si l'usage du crédit et les besoins incessants et pro-
gressifs de la consommation ont été les causes de cet immense
accroissement de la richesse industrielle, on est porté à croire
que la propriété foncière rurale, débarrassée de sa dette hypothécaire, pourra, au moyen du crédit facile et à bon marché,
augmenter sa production.

C'est à ces conditions qu'il lui sera permis d'entrer dans sa
phase industrielle. Elle utilisera les machines qui remplaceront
les bras, de plus en plus rares et de plus en plus nécessaires.
Elle pourra acheter des quantités incalculables d'engrais chi-
miques, qui, avec les engrais de ferme, actuellement et pour
toujours peut-être insuffisants, restitueront au sol les éléments
indispensables à une culture scientifique et pratiquement inten-
sive. Elle pourra drainer, défricher et rendre productifs des
milliers d'hectares de terrain aujourd'hui incultes.

Alors, on verra la production s'élever à des proportions in-
connues jusqu'ici, et le prix de revient des denrées de première
nécessité s'abaisser de façon à n'avoir plus à craindre la concurrence étrangère. Bien plus, les prêts sur consignation de
denrées effectués par la Banque foncière rurale permettront,
dans les années d'abondance et de bas prix, de constituer des
réserves pour les années de disette. Ainsi seront sauvegardés les

intérêts des producteurs et des consommateurs , qui ne seront plus exposés, les premiers, à vendre leurs produits au-dessous du prix de revient, les seconds, à les payer à des prix hors de proportion avec les salaires. La Banque Foncière rurale deviendra le modérateur naturel des écarts exagérés, résultant de l'anarchie qui règne dans l'état actuel de la production , de la circulation , et de la consommation des denrées de première nécessité.

Mais, pour fabriquer ces machines et ces engrais, il faudra augmenter et perfectionner l'outillage industriel. Il faudra, par conséquent , des capitaux considérables, que l'agriculture ne pourra pas fournir, et que les capitalistes remboursés s'empresseront de prêter aux fabricants de machines et d'engrais à un taux suffisamment rémunérateur.

On le voit : tout s'enchaîne. Chaque manifestation particulière de l'activité humaine vient naturellement se rattacher à la grande loi de la solidarité ; et si, au moment de l'accomplissement d'un progrès social , il se produit une perturbation momentanée, qui affecte plus ou moins quelques intérêts individuels , l'ordre et l'harmonie des intérêts généraux n'en sont jamais compromis.

En résumé, c'est la *qualité* plutôt que la *quantité* des billets qui doit fixer l'attention du public. Car la Banque, je ne saurais trop le répéter, ne fait pas usage d'un *capital* , mais d'un *instrument de crédit* qui ne peut et ne doit être limité que par les besoins des propriétaires fonciers ruraux, *quelle que soit la destination de l'emprunt*. L'important, c'est que les billets de banque ne soient créés que dans les conditions et les limites des statuts.

Maintenant, je dois traiter la question relative à l'intérêt que la Banque Foncière devra exiger pour les prêts hypothécaires de la première section , et pour l'escompte et les avances sur consignation de denrées de la seconde section. Examinons d'abord quels sont les éléments dont cet intérêt devra se composer pour les prêts hypothécaires.

Je crois avoir démontré plus haut que les actionnaires d'une Banque quelconque d'émission, quant à ce qui concerne les billets utilisés, jouissent de *la gratuité du crédit* par le fait seul de l'acceptation des billets de Banque par le public. Il n'y a donc pas lieu de faire entrer comme élément du taux de l'intérêt la valeur de location du capital servant aux prêts, *parce qu'il n'y a pas de capital employé, et surtout parce que l'emprunteur est en même temps actionnaire de la Banque.*

Or, dans mon projet, le propriétaire foncier rural, emprunteur, fournit le capital de garantie par l'inscription hypothécaire sur toute sa propriété. La valeur vénale de ce capital est au moins triple de celle de l'émission. Ce capital est très certainement réalisable en monnaie pour une valeur de *beaucoup supérieure* à celle des billets émis, qui, par cette garantie, sont à l'abri de toute espèce de risques. Ainsi, par l'hypothèque, l'emprunteur devient naturellement actionnaire de la Banque. D'un autre côté, il souscrit une série de billets à 3 ou à 6 mois de vue (dont je crois que la Banque pourrait se passer) et qui représentent la totalité de l'emprunt.

DONC LA VALEUR DE LOCATION DU CAPITAL N'A PAS DE RAISON D'ÊTRE, ET NE SAURAIT ÊTRE COMPRISE DANS LE TAUX QUE DOIT EXIGER LA BANQUE FONCIÈRE POUR LES PRÊTS HYPOTHÉCAIRES.

Car, en admettant même, ainsi que cela se passe dans les Banques d'escompte commercial, que la Banque foncière fasse payer une quotité quelconque pour cette location, cette *quotité* reviendra plus tard à l'*emprunteur*, à titre de *dividende*, en sa qualité d'*actionnaire*.

Tout ce que cet établissement de crédit a le droit de réclamer, puisqu'il est fondé et administré par les emprunteurs-actionnaires eux-mêmes et à leur profit, consiste dans une série d'annuités comprenant chacune :

1° Une quotité pour les frais d'administration de toute nature.

2° Une quotité pour une réserve, location de bureaux et de magasins affectés à la consignation des denrées, etc., etc.

Ces deux éléments ne peuvent être évalués à plus de 1/2 p. 0/0 par an.

3° L'amortissement que j'ai fixé dans mon projet à 2 p. 0/0 par an,

Ce qui produit un total de 2 1/2 p. 0/0 pour chaque annuité.

La quotité de 2 p. 0/0 par an, capitalisée à raison de 3 0/0, suffirait pour amortir la dette rigoureusement en 26 ans. Dans le projet des statuts, j'ai porté le terme à 32 ans, époque à laquelle, s'il n'y avait pas à prévoir les mécomptes et les événements, on pourrait obtenir une fois et demie le capital emprunté, ou pour mieux dire, une fois et demie la somme de l'émission.

Je n'ai pas cru nécessaire d'ajouter à ces éléments une quotité pour les risques. Car, ainsi qu'on pourra s'en assurer par les calculs auxquels je me suis livré, la quotité de 1/2 pour 0/0 et les produits des frais d'administration de la 2e section affectés aux frais de toute nature et à la réserve, offriront des ressources plus que suffisantes pour parer aux éventualités. Après tout, le remède se trouverait dans une légère prolongation du terme de l'amortissement.

Je passe au taux de l'intérêt relatif aux opérations de la deuxième section. Ici, nous ne sommes plus en présence d'emprunts hypothécaires : il s'agit de procurer le crédit à bon marché aux agriculteurs, qu'ils soient propriétaires ou fermiers, et qui, en quelque sorte, peuvent être rangés dans la catégorie des industriels. Or, il peut arriver qu'un propriétaire foncier rural ait *momentanément* besoin de crédit, et qu'il ne veuille pas ou ne puisse pas avoir recours à un emprunt hypothécaire à *long terme*. C'est à ce propriétaire, comme au fermier, que la deuxième section de la Banque foncière est appelée à procurer le crédit à un taux *inférieur* à celui que lui feraient payer les escompteurs et les capitalistes ordinaires. On peut voir, dans le projet, par quels procédés et à quelles conditions il est possible d'atteindre ce but.

Les opérations de la 2e section ont de plus pour objet de capitaliser la portion déterminée des annuités payées par les emprunteurs de la 1re section, afin de parvenir, dans un certain délai, à retirer de la circulation les billets émis en vue de chaque prêt hypothécaire. Par conséquent, le délai nécessaire à l'amortissement sera d'autant plus abrégé que l'intérêt sera plus élevé. Toutefois, il ne faut pas oublier que la propriété foncière rurale et l'agriculture ne sauraient être séparées, que leurs intérêts sont solidaires pour ne pas dire identiques et qu'elles se trouvent, au point de vue du crédit, dans les mêmes conditions: je veux dire que le taux de l'intérêt doit être *inférieur* à la quotité moyenne du revenu.

On a vu que les emprunteurs de la 1re section jouissent, par l'emploi du billet de Banque, de la GRATUITÉ DU CRÉDIT, quant à ce qui concerne la *valeur de location du capital*, puisque l'annuité ne contient qu'une quotité pour l'amortissement et une quotité pour les frais de toute nature. Cette GRATUITÉ leur est en partie octroyée par les propriétaires fonciers ruraux et les agriculteurs, acceptant les billets de la Banque avec une confiance qui leur donne la faculté de faire fonction de monnaie. Il est donc équitable et rationnel, quoique en réalité les prêts de la 2e section soient effectués au moyen d'un véritable capital d'épargne (ayant droit par conséquent à l'intérêt ordinaire), que la quotité fixée pour la location soit *inférieure* au cours de celle des capitalistes ordinaires. Cette réduction de la valeur de location du capital sera la juste compensation de la part de confiance et par suite du CRÉDIT GRATUIT octroyé aux emprunteurs de la première section par ceux de la seconde. Il suffit donc que les propriétaires fonciers ruraux et les agriculteurs qui préfèrent avoir recours au crédit à courte échéance, remplissent les conditions des statuts pour participer aux avantages d'un intérêt *inférieur* à celui que leur feraient payer les escompteurs et les prêteurs particuliers. — C'est en vertu de ce principe d'équité que la Banque de France, malgré son monopole, s'est vue obligée de ne plus baser le taux de son escompte sur celui des banques étrangères et notamment sur celui de la Banque de Londres. Aussi, depuis ce moment, elle a toujours maintenu ce taux au-dessous de 4 p. 0/0. Il est même permis d'affirmer que par suite de la loi de 1850, qui n'impose plus de limites à son émission que celles de la bonne matière escomptable, et par la juste confiance dont jouissent ses billets, cet établissement de crédit n'invoquera plus la loi de l'offre et de la demande, et que le taux de l'escompte ne subira plus ces écarts exagérés auquel nous l'avons vu exposé. C'est du moins, ce me semble, la conséquence logique de son organisation actuelle.

La Banque foncière parviendra, peu de temps après sa création, à effectuer les opérations de la 2e section au taux de 3 à 4 % au plus. Mais au début, il me paraîtrait imprudent de le fixer au-dessous du maximum de 5 %, voici pourquoi : la Banque foncière n'ayant pas le droit de créer des billets en dehors de ceux qui font l'objet des prêts sur hypothèque, les ressources de la deuxième section se trouveront limitées à la somme des annuités destinées à l'amortissement. Il est incontestable dès lors que, pendant les premières années, ces ressources seraient insuffisantes pour procurer la somme de crédit à courte échéance, nécessaire aux agriculteurs. Aussi, j'ai cru devoir faire appel aux dépôts moyennant un intérêt susceptible de les *attirer* et de les *maintenir*, pendant les premières années, dans les caisses de la Banque foncière. L'intérêt payé aux déposants serait de 3 fr. 65 c. par an, soit un centime par jour. A ce taux, on peut être certain que les capitaux afflueront à la Banque foncière rurale, et celle-ci sera bientôt en mesure de le réduire à 3 p. % et même à 2 p. %, suivant la durée des dépôts.

Mes calculs pour fixer le terme de l'amortissement ont été basés sur le taux de 3 %. Il y aurait justice, d'après ce que j'ai dit plus haut, à limiter ce taux de 2 p. %. Le terme de l'amortissement devrait, en conséquence, être reculé, et dans ce cas, la 2e section de la Banque foncière serait en mesure de fixer le taux de l'escompte et des avances sur consignation de denrées à 4 p. % au plus. Cette diminution aurait pour résultat de mettre l'intérêt plus en rapport avec les revenus des agriculteurs. Les ressources nécessaires à la réserve et aux frais de toute nature y gagneraient même par la multiplicité des opérations.

Enfin j'ajoute que le taux de l'intérêt de la 2e section sera variable, mais qu'il ne dépassera jamais 5 %.

Je crois avoir démontré que le billet de la Banque foncière remplira les deux conditions essentielles susceptibles d'inspirer toute confiance au public , même en l'utilisant pour *des prêts à long terme*. La Banque foncière pourrait donc fonctionner au grand profit des propriétaires fonciers ruraux et des agriculteurs. Il y a plus ; elle pourrait prêter à l'Etat aux mêmes conditions qu'aux particuliers , moyennant des affectations hypothécaires, déterminées sur telles parties de forêts ou de domaines de l'Etat. Il en résulterait que l'Etat , moyennant une annuité de 2 1[2 p. 0/0, amortirait dans un délai déterminé la somme empruntée, sans avoir à s'en préoccuper et en augmentant les ressources de la 2ᵉ section. L'amortissement ne serait plus une chimère, et l'Etat ne s'engagerait pas pour une somme supérieure à celle qu'il reçoit , lorsqu'il emprunte. Enfin, l'Etat n'aurait pas en perspective l'aliénation graduelle et forcée des forêts et des domaines nationaux; car, je ne crois pas le moment venu où l'Etat, en vue d'une plus grande production, devra se débarrasser des propriétés nationales, si jamais cette opération doit s'accomplir. Il me semble plus rationnel, en attendant , qu'il en livre l'exploitation à l'industrie privée, sans les aliéner.

Les prêts à l'Etat par la Banque foncière n'auraient rien d'insolite : je vais citer des exemples qui me serviront en même temps à démontrer à ceux qui pourraient en douter encore , que l'emploi du billet de banque appliqué aux prêts hypothécaires à long terme, est praticable.

Mais, pour qu'on ne m'accuse pas d'arranger les faits pour le besoin de ma cause , je vais citer le fragment d'un article intitulé : *Résumé des opérations de la Banque de France depuis sa création jusqu'à la fin de* 1866. Cet article, signé *Bernard*, se trouve dans le Journal des économistes, de décembre 1867. Voici ce fragment :

« ...... Ce n'est pas seulement avec les particuliers que la » Banque est autorisée à faire des opérations financières ; elle » fait des avances à des sociétés telles que les chemins de fer , » le crédit foncier. En outre , elle vient en aide au gouverne- » ment au moyen de prêts qu'elle lui fait en vertu de lois spé- » ciales. C'est ainsi qu'en juillet 1848, le Trésor fut autorisé à

» lui emprunter 150 millions , et la ville de Paris 10 millions.
» Le 3 janvier 1849 , elle prêtait 3 millions au département de
» la Seine ; en juillet 1851 , elle prêtait de nouveau 20 millions
» à la ville de Paris; et, avec tous, moyennant un intérêt de 4
» p. 0|0. Dans ces sortes d'opérations , la Banque n'est exposée
» à aucune perte. Ainsi , pour les 150 millions prêtés en 1848
» au trésor , elle reçut en garantie 75 millions en rentes apparte-
» nant à la caisse d'amortissement et pour le surplus , elle fut
» autorisée à aliéner 84,729 hectares de forêts appartenant à
» l'Etat. Pour le prêt à la ville de Paris , elle reçut en garantie,
» pour la même somme d'obligations , et 52,000 mètres de ter-
» rains situés dans la capitale , etc. , etc. »

N'est-il pas évident que ces prêts sortent de la catégorie des
avances ordinaires sur titres ? Par les éléments dont se composent
les contre-valeurs servant de garantie, comme par l'échéance de
leur réalisation , on ne peut pas dire absolument que ces prêts
soient à long terme , comme le seraient des prêts à la propriété
foncière rurale. Mais en prêtant dans ces conditions à l'Etat, à
la ville de Paris , au département de la Seine et à diverses sociétés , la Banque de France, ainsi que le fait justement observer
l'auteur de l'article que je viens de citer , n'est exposée à aucune
perte. Il importe donc peu que le terme soit plus ou moins long,
*pourvu que le gage conserve toute sa valeur pendant toute la
durée du prêt.*

En fait, la Banque de France a pu , sans altérer la confiance
du public , livrer ses billets contre des titres mobiliers et des
valeurs immobilières réalisables dans un délai indéterminé , et
représentant ensemble, au plus, une fois et demie la somme des
billets qui ont servi aux prêts que je viens de citer.

Serait-il donc imprudent ou dangereux qu'une Banque foncière
rurale livrât les siens contre la première de toutes les valeurs immobilières, le *sol nu*, représentant au moins *trois fois la somme
des billets émis*, et qui par ce fait , *seraient à l'abri de toute espèce de risques ?*

Est-ce que les forêts de l'Etat sont plus facilement réalisables
en espèces que les terres des particuliers ?

Le propriétaire foncier rural , qui peut appuyer ses emprunts sur un gage d'une *solidité* et d'une *disponibilité* si incontestables, serait-il donc éternellement condamné à la privation des avantages du crédit à bon marché , lorsque le commerçant les obtient au moyen de morceaux de papier timbré revêtus de trois signatures ? Ce serait une véritable iniquité et une contradiction dont le public ne se rendra certainement pas coupable.

Seulement , ainsi que je l'ai dit , dans une Banque foncière prêtant à *long terme* , il est essentiel que la confiance soit sollicitée et assurée tout autrement que dans une Banque d'émission et d'escompte commercial, prêtant à courte échéance. La sécurité absolue des billets de Banque est la condition indispensable. Il s'agit donc de décider si le billet de la Banque foncière présente réellement les caractères de cette *sécurité absolue*.

Telles sont les bases de mon système de crédit foncier rural et de crédit agricole *combinés*. Ce système peut être résumé en ces termes :

La Banque foncière rurale , telle qu'elle est formulée dans mon projet de statuts (sauf modification des nombres qui ne changerait rien aux bases) , se compose d'une collection illimitée de petites Banques individuelles que j'appelle *unités de Banque* , rattachées les unes aux autres par des statuts , des réglements et une administration communs. — C'est, en quelque sorte, un mode d'association coopérative.

La solidarité entre ces unités de Banque est limitée au remboursement de la totalité des billets émis pour les emprunts dans un délai déterminé. — Cette solidarité cesse naturellement pour l'unité de Banque, c'est-à-dire, pour l'emprunteur qui rembourse par anticipation la totalité de son emprunt.

La Banque foncière n'a pas pour but une spéculation, telle qu'on le comprend dans les établissements de cette nature ; car ici l'emprunteur est en même temps actionnaire. Son objet , c'est d'affranchir les propriétaires fonciers ruraux et les agriculteurs du taux exagéré des capitaux d'épargne plus insuffisants que jamais , de la même façon que l'industrie et le commerce ont su s'en affranchir par la création de la Banque de France.

Le billet de Banque payable à vue et au porteur est l'instrument de crédit employé pour les prêts. Cet instrument de crédit n'est pas un capital, mais une dette contractée vis à vis du public qui peut donner *gratuitement* sa confiance ou la retirer au billet de Banque, c'est-à-dire, à un certificat payable à vue, constatant que la Banque a reçu une contre-valeur de tout repos, réalisable en espèces.

Les prêts étant effectués *à long terme*, il faut que cette contre-valeur *conserve pendant toute la durée du prêt* une valeur *supérieure* à l'émission, afin de donner au public la certitude du remboursement intégral des billets en cas de liquidation normale ou forcée.

La contre-valeur affectée à la garantie est la propriété rurale appartenant à l'emprunteur et dont la valeur vénale sera triple de celle de l'émission. Les billets ne peuvent être émis qu'au fur et à mesure de chaque prêt.

Le billet de la Banque foncière serait donc à l'abri de toute espèce de risques et serait, très certainement, aussi bien accueilli par le public que celui de la Banque de France. Car celui-ci, malgré son incontestable solidité *relative*, n'en présente pas moins un certain aléa et peut, ainsi que nous l'avons vu, aboutir au cours forcé, ou à une certaine dépréciation, précisément parce qu'il ne repose que sur des garanties *morales* et sur un capital *inférieur* à l'émission et exposé lui-même à être déprécié.

L'amortissement des emprunts faits à la Banque foncière, ou, ce qui est la même chose, des billets de Banque, s'effectue au moyen du placement de la portion d'annuité payée à cet effet et d'avance par chaque emprunteur. Ce placement est opéré par les soins de la 2ᵉ section, soit par l'escompte de billets d'agriculteurs, soit par des avances sur consignation de denrées, soit enfin, si les demandes d'escompte et d'avances sont insuffisantes, par l'achat de titres de rente ou de valeurs mobilières.

Ainsi que je l'ai dit au début de cet exposé, on voit que je n'apporte aucun procédé nouveau de crédit. Toute la question se réduit, en conséquence, à décider si le billet de Banque payable à vue et au porteur , appuyé sur le sol d'une valeur vénale au moins triple de celle de l'émission , peut être utilisé pour les prêts *à long terme* , au profit de ceux qui fournissent cette garantie.

Pour ma part , je n'hésite pas à répondre par l'affirmative ; car le billet de la Banque foncière, ainsi garanti, ne pourrait, dans aucun cas , être atteint par le cours forcé. Par conséquent , il ne saurait jamais être assimilé à un papier-monnaie quelconque. Il circulerait en vertu de la solidité indestructible d'une garantie d'autant plus facilement *réalisable en espèces* , que le sol est le premier de tous les capitaux matériels , et le plus indispensable des instruments de travail que Dieu ait donnés à l'humanité. Le sol, enfin, est la valeur immobilière par excellence. A tous ces titres, il est susceptible, non-seulement de *conserver sa valeur pendant toute la durée du prêt* , mais encore *d'acquérir une valeur plus considérable* , condition qui suffit pour inspirer au public une *confiance absolue* , et non plus *relative*.

Je maintiens , en m'appuyant sur les principes de la science économique et sur les faits, que le *crédit gratuit* existe , quant *aux billets utilisés* , pour les actionnaires d'une Banque commerciale d'émission , qu'elle soit libre , privilégiée ou monopolisée. En conséquence, jusqu'à démonstration contraire, il m'est permis d'affirmer que *la valeur de location du capital* ne saurait être comprise dans le taux de l'intérêt d'une Banque foncière dont les *emprunteurs* sont en même temps les *actionnaires*. Ceux-ci, en effet, fournissent le capital de garantie, le sol, d'une valeur au moins triple de celle des billets qui leur sont remis à titre d'emprunteurs.

Ainsi se justifie le titre de *gratuité du crédit foncier* de la brochure que j'ai publiée en 1866. — Car, des éléments qui constituent l'intérêt, et qui consistent dans la valeur de location du capital, les risques, et les frais d'administration, il ne reste plus que ce dernier.

En définitive, les emprunteurs de la 1re section de la Banque foncière, qui peuvent fournir une hypothèque, n'ont à payer à

titre d'intérêt que la quotité nécessaire pour les frais d'administration. Cette quotité ne saurait dépasser 1/2 p. 0/0 — Quant
au remboursement de l'emprunt, il peut être effectué au moyen
d'une quotité de 2 p. 0/0 ajoutée à celle de 1/2 p. 0/0 destinée
au frais d'administration.

Enfin la 2e section de la Banque foncière sera en mesure
d'escompter les billets à deux signatures des agriculteurs et de faire
des avances sur consignation de denrées au taux de 5 à 5 p. 0/0
au plus, suivant le taux de l'intérêt fixé pour la capitalisation
de la quotité destinée à l'amortissement et celui qui sera payé
aux déposants.

J'ai dit tout à l'heure, que le billet de la Banque foncière,
étant seul à l'abri de toute espèce de risques, est destiné dans
l'avenir à conserver la confiance exclusive du public. Ce moment
est éloigné sans doute ; mais il résultera fatalement de la force
des choses. Ce n'est cependant pas, par suite de la concurrence
entre la Banque de France et la Banque foncière, ainsi qu'on
pourrait le croire, que cet effet se produira. Car, les services
de ces deux établissements seront absolument distincts. Le résultat
serait le même sous le régime de la liberté des Banques. Jusqu'à ce moment, il est certain que la Banque de France et la
Banque foncière rurale pourront vivre, côte à côte, en se rendant
de mutuels services, tant que le public conservera pour leurs
billets respectifs une confiance suffisamment justifiée par des
garanties *relatives* ou *absolues*.

Mais si l'on examine ce qui se passe dans les pays les plus
avancés en fait d'institutions de crédit, en Ecosse par exemple,
on s'aperçoit bien vite que le billet de banque commercial
tend chaque jour à disparaître de la circulation : et, de même
que le billet à ordre a été le précurseur du billet de banque,
de même celui-ci sera remplacé par le chèque. Car ce nouvel
instrument de crédit est d'autant plus parfait qu'il est payable
à vue comme le billet de banque; qu'en cas de non-paiement
il atteint un nombre très restreint de porteurs, et que la circulation en est le plus souvent limitée à la ville dans laquelle il

4

est payable. — D'un autre côté, la création des *Clearing-houses*
qui sont des établissements de compensation, de liquidation, ou,
pour me servir de l'expression consacrée, de virements en Banque,
contribuent également à diminuer, non-seulement l'emploi des
billets de Banque, mais encore celui de la monnaie.

Ces procédés ne sont-ils pas de nature à faire disparaître de la
circulation générale les billets, susceptibles d'aléa , de toutes les
Banques d'escompte commercial ? N'y a-t-il pas dans ces faits
l'indice certain que l'industrie et le commerce seront graduellement
amenés à limiter leurs instruments de crédit au billet à ordre ,
à la lettre de change et au chèque, puisqu'ils sont dans l'impossibilité de donner à leurs billets de Banque la sécurité *absolue*,
indispensable, pour qu'ils puissent faire réellement fonction de
monnaie *sans cours forcé* possible, et pour devenir un auxiliaire
de la circulation *sans risques*.

La confiance du public dans les billets émis par les Banques
d'escompte commercial a été plutôt le résultat de la nécessité, par
suite d'insuffisance du capital de roulement, que celui d'un procédé
basé sur la justice et la vérité. Il n'a fallu rien de moins que
l'intervention de l'État et une expérience de 50 ans pour inspirer
au public cette confiance qui fait circuler les billets de la Banque
de France jusques dans nos hameaux. C'est que, pour distinguer
et reconnaître un billet de Banque, il faut savoir lire; et malheureusement à ce point de vue, il y a beaucoup à faire encore en
France ?

Lors donc que la Banque foncière rurale émettra des billets
payables à vue, au porteur, en espèces, assurés par le capital
immobilier par excellence, le *sol*, d'une valeur au moins triple
de l'émission, et réalisable en numéraire dans un court délai ;
lorsque les billets remis à un débiteur devenu insolvable pourront être retirés de la circulation dans les vingt-quatre heures
et sans avoir immédiatement recours à l'expropriation, qui pourra
croire que le public ne donnera pas une *confiance absolue* à de
tels billets ? Alors seulement , le billet de Banque méritera le
nom de *monnaie fiduciaire*, parce qu'il sera à l'abri de toute

espèce de risques, et qu'il pourra, sans danger et sans *cours forcé*, faire fonction de monnaie. Alors, l'*emprunt* à *long terme* sera possible pour l'agriculture : car, le billet de la Banque foncière rurale aura pour base le premier de tous les capitaux et le plus indispensable des instruments de travail, fourni par l'emprunteur lui-même. Par conséquent, la valeur de location du capital et la quotité des risques seront supprimées pour tout propriétaire foncier rural qui, ayant besoin de crédit, pourra fournir les garanties nécessaires aux billets de Banque spécialement créés pour l'emprunteur.

En résumé, s'il m'était permis d'indiquer les conditions essentielles d'une monnaie fiduciaire appelée à faire fonction de monnaie, je la formulerais ainsi :

1° Le billet de Banque doit être payable à vue, au porteur, en espèces.

2° Il doit être à l'abri de toute espèce de risques, et, par conséquent, reposer sur une contre-valeur réalisable en monnaie, et susceptible de conserver une valeur de *beaucoup supérieure* à l'émission, pendant toute la durée de la circulation du billet de Banque.

J'ai donné cette fois l'exposé complet de mon système de crédit foncier rural et de crédit agricole combinés. J'ai cherché à rendre cet exposé aussi clair que possible en m'appuyant, pour en démontrer la vérité et la praticabilité, sur les lois de la science économique et sur les procédés pratiqués par les Banques d'émission et d'escompte commercial. Je crois nécessaire cependant de mettre sous les yeux de la commission appelée à se prononcer sur les bases de mon système les calculs des dépenses nécessaires pour la fondation de la Banque foncière et de ses succursales, ainsi que des ressources qui permettront à cet établissement de crédit, de fonctionner utilement au profit de la propriété foncière rurale et de l'agriculture. Ce qui suit est la reproduction d'une partie de la brochure adressée à la Société de la Haute-Garonne en juin 1867, sous le titre de *Complément* de l'exposé d'un système de crédit foncier rural et de crédit agricole.

Extrait de la brochure intitulée : *Complément d'un système de Crédit foncier rural et de Crédit agricole*, *publiée en juin 1867.*

Le rôle de l'État n'est pas de s'immiscer dans les opérations de la Banque foncière ; mais son droit et son devoir de veiller aux intérêts généraux, l'obligent à un contrôle, lorsqu'il s'agit d'autoriser une émission de billets de Banque. Ce contrôle, il ne peut l'exercer que par une surveillance constante, de façon que rien ne puisse échapper à sa sollicitude. C'est pourquoi il m'a semblé nécessaire de laisser au gouvernement la nomination du directeur général et des inspecteurs de la Banque-mère.

La Banque foncière, pour assurer les frais de premier établissement et le service des frais d'administration de la première année, devra demander à l'État une subvention de six millions une fois payés.

Dans le cas où, par impossible, l'État ne pourrait pas accorder cette subvention, la Banque devrait emprunter cette somme avec la garantie de l'État. Cette somme pourrait être remboursée dans le courant de la deuxième année, ainsi qu'on le verra tout à l'heure. — Enfin, la Banque foncière doit demander que les souscripteurs des billets qu'elle escompte ou de ceux qui sont souscrits à son ordre, soient soumis au régime du Code de Commerce, s'il y a nécessité d'exercer des poursuites contre eux.

Je résume ainsi les rapports de la Banque foncière avec l'État :

1° Autorisation à demander ;

2° Abréviation des délais relatifs à l'expropriation ;

3° Acceptation par les caisses de l'État des billets de la Banque foncière, au même titre qu'il reçoit ceux de la Banque de France; et autorisation d'échanger les billets de Banque contre des espèces dans les caisses publiques pour le service de l'encaisse destiné à l'échange des billets.

4° Nomination par l'Etat du Directeur général et des inspecteurs de la Banque-mère ;

5° Subvention de six millions, ou garantie d'un emprunt de pareille somme pour un an ou deux au plus ;

6° L'assimilation des billets escomptés par la Banque, ou souscrits à son ordre, aux billets de commerce pour ce qui concerne les poursuites en cas de non-paiement.

Avant de soumettre à votre appréciation l'esquisse des statuts de la Banque foncière, il m'a semblé utile, Messieurs, de placer sous vos yeux l'état des dépenses qu'occasionnerait la fondation d'une Banque-mère, de quatre-vingt-neuf Banques-filles de chef-lieu de département, et de deux cent quatre-vingt-trois Banques-filles de chef-lieu d'arrondissement.

DÉPENSES

PERSONNEL SALARIÉ

Banque-mère à Paris.

1 Directeur général.	10,000	
8 Inspecteurs à 5,000 fr.	40,000	
Frais d'inspection pour 4 inspections dans chaque Banque-fille, par an. . .	40,000	
1 Chef de comptabilité, chargé de la correspondance.	6,000	
5 Employés en moyenne à 2,500 fr. .	12,500	
1 Garçon de bureau.	1,500	110,000

Banque-fille du département de la Seine.

1 Trésorier.	5,000	
1 Comptable.	4,000	
3 Employés en moyenne à 2,500 fr. .	7,500	
2 Jeunes commis, ensemble. . . .	2,500	
1 Garde-magasin, et manipulation de denrées par le garde et par un aide.	2,500	21,500

A reporter fr. 131,500

Banques-filles des chefs-lieux de département, non compris le département de la Seine.

1 Trésorier.	4,000
1 Comptable.	2,400
1 Employé comptable.	1,400
1 Expéditionnaire.	1,000
1 Garçon de bureau.	1,000
1 Garde-magasin manipulant les denrées.	1,000
200 Journées pour aider à la manipulation des denrées, à 2 fr.	400

Et pour 88 Banques de département, à 11,200   985,600

Banques-filles des chefs-lieux d'arrondissement.

1 Trésorier.	3,000
1 Comptable.	1,500
1 Employé.	1,200
1 Second Employé.	800
1 Garde-magasin, et manipulation des denrées, ensemble.	1,400

Et pour 283 Banques-filles d'arrondissement, à. 7,900   2,235,700

Locaux.

Locaux à Paris de la Banque-mère et de la Banque du département de la Seine réunies, y compris les logements (non meublés) du Trésorier et du Directeur-général, qui, pour la Banque agricole, seront choisis loin du centre de Paris, et sans luxe.   20,000

A reporter fr,   3,372,800

Report fr.	3,372,800
88 Locaux pour les bureaux et le logement du Trésorier (chefs-lieux de département), à 1,800 fr.	158,400
88 Magasins hors ville pour recevoir les denrées consignées, à 1,500 fr.	132,000
283 Locaux pour les bureaux et le logement du Trésorier (chefs-lieux d'arrondissement), à 1,000 fr.	283,000
283 Magasins hors ville, à 1,000 fr. . . .	283,000
Registres, papiers, chauffage des bureaux des 372 Banques, en moyenne, à 500 fr. . .	186,000
Impression des billets de banque, planches, impressions diverses, frais de poste, etc. .	50,000
Imprévu.	34,800
DÉPENSES ORDINAIRES ANNUELLES. . fr.	4,500,000

Les frais d'installation, comprenant le matériel des bureaux, d'après des calculs largement faits pour des Banques rurales, ne s'élèveront pas pour les 372 Banques et la Banque-mère, au-delà de. . . . . . 380,000 fr.

Ajoutons pour IMPRÉVU. . . . 20,000 fr.   400,000

	4,900,000
IMPRÉVU SUR L'ENSEMBLE DES DÉPENSES. . . . fr.	100,000
DÉPENSES TOTALES DE LA PREMIÈRE ANNÉE (1). fr.	5,000,000

(1) Je n'ai pas fait mention des patentes de chaque Banque-fille dans l'état de la première année, parce que le personnel indiqué ne sera pas nécessaire dès le début, et qu'il y aura très certainement des économies réalisées. D'ailleurs, il y a trois sommes d'imprévu qui ne s'élèvent pas à moins de 154,000 fr., et qui suffiraient pour les patentes. — On trouvera tout à l'heure que dès la seconde année, je porte à 5,000,000, au lieu de 4,500,000 fr., les dépenses ordinaires, afin d'éviter toute objection, et tout mécompte.

Cinq millions, telle est, Messieurs, la somme nécessaire pour organiser et faire marcher les 372 Banques-filles et la Banque-mère, qui doivent être fondées *simultanément* dans tous les chefs-lieux de département et dans tous les chefs-lieux d'arrondissement. Le personnel salarié que j'ai indiqué est plus que suffisant : car les opérations de la première section (prêts par hypothèque) n'exigent qu'un simple compte ouvert à chaque emprunteur ; et, sur ce compte, il n'y a *qu'une ligne à écrire par an.*

Les opérations de la 2ᵉ section (placement des annuités et des dépôts), présenteront plus de détails. Mais ici encore, elles ne se multiplieront pas comme dans une succursale de la Banque de France, l'action des Banques-filles, même celles des chefs-lieux de département, ne s'étendant pas au-delà du cercle de l'arrondissement. La plupart des billets escomptés, et le remboursement des avances sur consignation de denrées sont payables au siége même de la Banque, ce qui dispense d'une partie des recouvrements.

Jusqu'à présent, je n'ai pas cru devoir m'occuper des ressources considérables que la Banque pourrait appliquer aux opérations de la 2ᵉ section. Je veux parler des dépôts, qu'un grand nombre de grands et de petits propriétaires pourraient verser dans ses caisses, avec option de les retirer presqu'à volonté. La Banque foncière trouverait un avantage considérable à faire appel à une masse de petits capitaux improductifs dans les mains des cultivateurs et des propriétaires.

Il est certain qu'en parlant de dépôts, il ne s'agit pas ici du placement *définitif* de l'épargne des grands ou des petits propriétaires. Les fonds provenant de l'épargne, lorsqu'ils on atteint un certain chiffre, sont sollicités par l'agrandissement de la propriété foncière rurale ou par le marché des valeurs mobilières. Mais, tant que les fonds de l'épargne n'atteignent pas un chiffre suffisant pour un placement *définitif*, le détenteur, au lieu de conserver dans son armoire une somme improductive, ne sera pas fâché de trouver un *placement provisoire* qui lui assure un intérêt, quelle qu'en soit la quotité.

D'un autre côté, combien de petits et de grands propriétaires, après avoir réalisé leurs denrées à un moment propice, n'ont pas l'emploi *immédiat* du produit de leur vente et sont obligés de le garder improductif jusqu'au moment où il devient nécessaire de l'utiliser en totalité ou en partie ! Ne seraient-ils pas heureux de trouver à leur porte un établissement dans lequel ils pourraient placer provisoirement une partie de leurs capitaux disponibles? Ne sont-ils pas intéressés à soutenir une Banque dont le plus souvent ils ont à solliciter les services, et de laquelle ils sont appelés à leur tour, à être les administrateurs, s'ils deviennent emprunteurs de la première section?

Enfin, dans tous les arrondissements de la France, n'y a-t-il pas une foule de petits commerçants, de petits rentiers qui, en attendant l'échéance d'un billet ou d'un paiement quelconque, pourront trouver à utiliser, à *abriter* avec profit les sommes destinées à effectuer le paiement?

Et, si vous me permettez, Messieurs, de considérer au point de vue moral, l'effet de ces dépôts que la Banque foncière recevrait par sommes rondes, sous multiples de 100 fr. et au-dessus, telles que 5 fr., 10 fr., 20 fr., 25 fr., 50 fr., 100 fr., etc., etc., ne suis-je pas autorisé à vous dire que ce sera la véritable caisse d'épargnes des campagnes?

Ainsi les fonds de l'épargne insuffisants pour un emploi *définitif* et les fonds de roulement qui n'auront pas d'emploi *immédiat*, attirés par *l'intérêt*, viendront augmenter les ressources de la deuxième section.

La Banque foncière pourrait servir l'intérêt de ces capitaux à raison de 3 fr. 65 p. 0/0 par an, soit un centime pour cent et par jour. — Cet intérêt vous paraîtra suffisamment rémunérateur pour des capitaux que les déposants peuvent retirer à volonté. Toutefois, les billets de dépôt ne seraient payables qu'à *dix jours de vue*. L'intérêt ne serait compté qu'à partir du lendemain du dépôt jusqu'au jour du *visa pour payer*. Les prêts de la deuxième section étant effectués à raison de 5 p. 0/0, la Banque foncière trouverait, par ce moyen, un boni de 1 fr. 35 p. 0/0 sur toutes les sommes déposées, lequel serait affecté aux frais d'administration (1).

Je ne saurais, Messieurs, trop insister sur l'avantage et l'utilité de ces dépôts qui favoriseraient l'entretien de l'encaisse métallique et viendraient augmenter les ressources de la deuxième section. Ces ressources, ajoutées aux 2 p. 0/0 annuellement destinés à l'amortissement, permettraient d'escompter largement les billets revêtus de deux signatures, et de faire des avances plus considérables sur consignation de denrées aux propriétaires fonciers ruraux que l'insuffisance d'émission, au début, empêcherait de profiter des avantages de l'emprunt par hypothèque à la première section.

En effet, vous trouverez dans les Statuts que l'émission me paraît devoir être limitée, au début, et jusqu'à nouvelle autorisation, à la somme de un milliard, qui est le chiffre atteint par la Banque de France. — La justice et l'équité semblent répondre qu'il faudrait immédiatement dégager la propriété foncière rurale de la dette onéreuse qui l'écrase ; ou, pour mieux dire, des intérêts énormes qui la dévorent. Cependant, une telle

---

(1) Le taux de l'escompte et des prêts sur consignation de denrées, étant de 5 p. % et les fonds destinés à l'amortissement n'étant capitalisés qu'à 3 p % l'an , la différence servirait aux frais d'administration. Les ressources pour ces frais consistent donc :

1° Dans le 1/2 p. % payé annuellement par les emprunteurs de la 1re section.

2° Dans la différence de 5 p. % à 3 p. % ci-dessus.

3° Dans la différence de 5 p. % à 5 65 des dépôts.

Les produits de ces ressources dépasseront très certainement les dépenses. Le reliquat pourra être capitalisé avec les fonds d'amortissement, ou permettra de réduire le taux de l'intérêt de la 2e section; car il n'est pas juste que les emprunteurs de la 1re section *qui ne paient pas d'intérêt*, profitent d'un bénéfice en sus de l'intérêt légitime des fonds d'amortissement et d'une partie des frais d'administration.

solution présenterait des obstacles et des dangers que j'ai signalés dans mes divers écrits. Je persiste à croire qu'il est prudent de procéder par progression, afin d'éviter une trop brusque perturbation dans les transactions qui ont pour objet le placement des capitaux.

D'après des calculs approximatifs, la dette hypothécaire de la propriété foncière *rurale*, peut être évaluée de cinq à six milliards environ. Il me semble qu'en bornant pour le moment, l'émission à un milliard, la Banque foncière pourrait, avec les Banques agricoles existantes, et celles qui se formeront encore, concourir à améliorer la situation de la propriété foncière rurale, et de l'Agriculture.

Vous ne me taxerez pas d'exagération, Messieurs, si je propose de limiter l'émission à un milliard. Car, si l'on compare la population agricole avec la population industrielle, ce n'est pas trop exiger que de demander en ce moment l'égalité de l'émission. — D'un autre côté, cette limite vous paraîtra d'autant plus justifiée, que la propriété foncière rurale, à cause des conditions du *long terme* et de la nécessité *du taux de l'intérêt inférieur à la quotité des revenus*, n'a pas à son service des banquiers ou des prêteurs comme ceux du commerce et de l'industrie.

Avant de passer au budget des ressources de la Banque foncière pour faire face aux dépenses dont j'ai eu l'honneur de vous soumettre ci-dessus l'état détaillé, je vous demande, Messieurs, la permission de répondre à une observation qui m'a été plusieurs fois présentée.

Un propriétaire foncier qui empruntera *sans intérêt*, n'emploiera-t-il pas le produit de l'emprunt à l'achat de valeurs mobilières rapportant 4 ou 5 p. %, au lieu de l'utiliser pour l'amélioration de ses terres ?

Ne serait-il pas juste et prudent d'obliger tout propriétaire emprunteur à employer la somme empruntée à des améliorations déterminées, telles que drainage, achat d'engrais, ainsi que cela se pratique en Angleterre dans certains établissements de crédit ?

Pour ma part, j'établis une grande différence entre la constitution de la propriété en Angleterre et celle de la France. La première est dans les mains d'une aristocratie puissante et elle est exploitée par de riches fermiers qui font une vaste industrie de l'exploitation agricole et dont les familles se succèdent souvent sur la même propriété. C'est pour ces fermiers surtout que le crédit agricole est donné par quelques compagnies, *sous la condition d'un emploi déterminé*, par la raison qu'ils n'empruntent pas sur hypothèque.

En France, un pareil mode de crédit n'est possible que de la part du fournisseur d'engrais, du fabricant de tuyaux de drainage ou autres objets vis-à-vis du propriétaire. D'ailleurs, l'extrême division de la propriété n'est-elle pas le plus grand obstacle à de semblables conditions ?

A mon sens, la réglementation ne doit pas porter sur l'emploi de l'emprunt. Ce qu'il faut réglementer, c'est que l'émission présente au public toutes les *garanties possibles*, et qu'elle se maintienne dans les *conditions* et dans les *limites fixées par les statuts*. Or, du moment que l'emprunteur fournit un capital de garantie *matériel*, *réalisable en monnaie*, d'une valeur triple de celle des billets qu'il a reçus (et qu'il s'engage à rembourser en un certain nombre d'annuités) ; du moment que le public a des *garanties plus que suffisantes*, pourquoi cet emprunteur ne resterait-il pas *libre* d'utiliser, comme bon lui semble, le produit de son emprunt ? C'est à la Banque qui ne dispose que d'un milliard, lorsqu'il lui en faudrait cinq ou six, de ne prêter qu'aux propriétaires obérés par l'hypothèque, en *prenant toutes les précautions nécessaires* ; c'est l'affaire du conseil d'administration qui en fera l'objet d'un réglement. Je vous demande pardon, messieurs, de m'être laissé aller à cette longue digression : je me hâte de revenir à mon sujet.

Vous avez pu être étonnés, du petit nombre d'agents qui doivent concourir au fonctionnement des 372 Banques-filles et de la Banque-mère. — Mais je ne devais faire figurer dans l'état des dépenses, que le personnel-salarié. Cependant, il faut un comité de prêts pour la première section, un comité d'escompte et d'avances sur consignation de denrées pour la deuxième, et un comité du contentieux pour les deux sections; — il faut enfin un conseil d'administration. Ces fonctions doivent être remplies par des hommes qui aient, dans la réussite de la Banque, un *intérêt direct*, et une certaine *responsabilité morale* pour le meilleur placement possible des annuités destinées à l'amortissement.

La Banque foncière, qui prête *sans intérêt* aux propriétaires fonciers ruraux, peut bien exiger que ses emprunteurs paient ce service d'une faible partie de leur temps, en surveillant toutes les opérations. Cette exigence n'a rien d'exagéré au point de vue de la justice et de l'équité. Mais, en admettant même que ce motif soit insuffisant, il en est un qui me paraît avoir une certaine importance. C'est la *responsabilité individuelle* de chaque emprunteur qui doit rembourser, au moyen d'annuités capitalisées, le montant des billets de banque qu'il a reçus. De ce côté, sa *responsabilité* est entière. Il a intérêt à ce que ces annuités soient placées avec toute sécurité, et personne, mieux que lui, ne peut apprécier le degré de confiance que méritent les signatures des billets présentés à l'escompte, et la valeur des denrées consignées. Et les dépôts? ne faut-il pas en surveiller l'emploi? Ces dépôts qui aideront si puissamment les emprunteurs de la deuxième section, n'augmenteront-ils pas les ressources pour l'amortissement des emprunts de la première?

En compensation de la faveur dont jouiront les propriétaires fonciers ruraux, par l'emprunt sur hypothèque, et en vertu de la responsabilité et de l'intérêt individuel, qui leur donnent le *droit et le devoir de contrôle et d'action*, j'ai cru devoir leur faire exercer *gratuitement* et *obligatoirement* certaines fonctions. Les statuts vous indiqueront comment je suis parvenu à rendre ces fonctions faciles et peu onéreuses, pour ce qui concerne le temps pendant lequel chacun sera, à son tour, appelé à les exercer.

Quant aux appointements des agents salariés, j'affirme qu'ils sont plutôt exagérés qu'inférieurs à ceux qui sont généralement payés pour des emplois similaires. Un établissement de crédit destiné à la propriété rurale et à l'agriculture, n'a pas besoin de palais ni d'hôtels somptueux pour ses opérations. Il lui faut des locaux modestes et d'une étendue strictement suffisante. L'économie la plus sévère doit être la règle de son fonctionnement. Il ne doit pas y avoir de sinécure.

Si j'ai commis quelques erreurs, ma conviction est qu'elles consistent dans l'exagération plutôt que dans l'atténuation de la dépense. — En admettant même que les frais généraux s'élèvent annuellement à cinq millions au lieu de 4,500,000 francs, vous verrez, dans l'état des recettes qui va suivre, que le 1/2 p. 0/0 prélevé sur l'annuité de la première section, la quotité prélevée sur la deuxième section et le boni résultant dés dépôts, *fournissent des ressources toujours progressivement supérieures aux dépenses ordinaires.*

Examinons ces ressources de la Banque foncière, et il vous sera démontré que, dès la première année, les 372 Banques-filles et la Banque-mère peuvent être fondées simultanément, et que chacune pourra mettre au service de la propriété foncière rurale, la somme de 2,688,000 francs, Cette somme ne représente, en moyenne, que la cinquième ou sixième partie de la dette hypothécaire rurale de chaque arrondissement. Mais , il ne faut pas songer pour le moment à une émission plus considérable. Le remède serait peut-être pire que le mal, à cause du régime dotal et du régime hypothécaire, ces deux puissants obstacles au crédit, et dont j'aurai encore à vous parler.

Première, Année.

La Banque, autorisée à émettre pour un milliard de billets de banque, perçoit au moment du prêt, c'est-à-dire d'avance , la première annuité de 2 1/2 p. 0/0, dont 2 p. 0/0 destinés à l'amortissement; et 1/2 p. 0/0 pour frais généraux d'administration.

Ce demi p. 0/0 produit donc fr. 5,000,000
La quotité de 2 p. 0/0 destinée à l'amortisse-
A reporter. . . 5,000,000

Report . . .   5,000,000

ment produit la somme de 20 millions de francs,
qui doivent servir aux opérations de la 2ᵉ section.
En admettant que durant la première année, ces
20,000,000 ne puissent être utilement placés que
pour six mois à raison de 5 p. 0/0 l'an, nous
aurons pour produit, fr. 500,000

De ce produit, il faut déduire la
moitié de la quotité de 3 p. 0/0 qui
doit être capitalisée avec l'annuité de
l'amortissement. Cette quotité est de   300,000

Il reste une somme de fr. . . .   200,000
c'est-à-dire 2 p. 0/0 sur la moitié
seulement des annuités de la 1ʳᵉ
année, et applicables aux frais
d'administration, ci   200,000

La deuxième section recevra des dépôts de
divers particuliers dans le courant de l'année.
J'évalue ces dépôts, en moyenne, à la modeste
somme de 60,000 francs pour chaque Banque-
fille, et par an. Ce qui, pour les 373 Banques-filles,
produit la somme de 22,320,000 francs, et en
nombres ronds, 22,000,000. J'admets, que pendant
la première année, les dépôts ne s'élèvent qu'à
10,000,000 de francs.

Le taux de l'intérêt perçu étant de   5. » « p. 0/0
Et l'intérêt payé aux déposants
étant de. . . . . 3. 65 p. 0/0

il reste un boni de. . . . . 1. 35 p. 0/0
Ce boni sur 10,000,000 produit.   135,000

RECETTES TOTALES DE LA 1ʳᵉ ANNÉE POUR FRAIS
D'ADMINISTRATION. { . . . . fr.   5,335,000

Je vous ferai remarquer, Messieurs, que j'arrive à ce résultat en supposant que la Banque n'a pu utiliser que la moitié des sommes reçues pour les annuités et les dépôts , ou, ce qui est la même chose , s'il ne lui a été possible de les placer que pour six mois , à cause des lenteurs inséparables d'un début d'organisation.

Donc , les six millions empruntés, au début, si l'Etat ne peut les accorder à titre de subvention , peuvent être remboursés à la fin de la première année , ainsi que les intérêts à 5 0/0 , s'il faut arriver à ce taux pour les réaliser. Car les recettes étant de. 5,335,000
et les dépenses , y compris les frais d'installation, étant de. 5,000,000
il reste disponible fr. 335,000
plus un million sur les six millions empruntés et qui n'a pas eu d'emploi. J'ajoute que l'annuité étant payable d'avance, les frais d'administration sont assurés dès les premiers jours de l'exercice.

Deuxième Année.

Dans le courant du mois de janvier, la Banque encaisse la seconde annuité de 25,000,000 de francs, sur laquelle cinq millions sont destinés aux frais généraux d'administration, ci. 5,000,000
La partie de l'annuité destinée à l'amortissement s'élève à. 20,000,000
auxquels il faut ajouter la 1re annuité. 20,000,000
Plus, l'intérêt à 1 1/2 p. 0/0 provenant du placement de cette annuité pour six mois seulement , à raison de 3 0/0 par an. . . . 300,000
Ensemble. . 40,300,000
Ces 40,300,000 francs produisent 5 0/0, par le placement à la 2e section; mais , comme
A reporter. . . . 5,000,000

Report. . . . 5,00,0000

il faut en déduire · · · 3 0/0 destinés à être

capitalisés, il reste 2 0/0 de boni qui,

sur les 40,300,000 fr., produisent. 806,000

Les dépôts évalués en moyenne à 60,000 fr. par Banque, donnent un total des dépôts s'élevant à 22 millions en nombres ronds, sur lesquels la Banque reçoit 5 0/0 tandis qu'elle ne paie que 3,65 0/0

Différence. . . 1,35 0/0

Ce qui, sur 22 millions, produit. 297,000

RECETTES TOTALES DE LA 2ᵉ ANNÉE POUR FRAIS D'ADMINISTRATION. . . . . fr. 6,103,000

D'après l'état des dépenses ordinaires, il faudrait déduire 4,500,000 fr.; mais, afin d'éviter tout mécompte, je porte à 5,000,000 les frais généraux, y compris les patentes et tous les frais de manipulation des denrées consignées, ci. 5,000,000

Il reste disponible une somme de fr. . . . 1,103,000

Quel doit être l'emploi de cette somme? A mon sens, elle peut rester au service de la deuxième section qui la joindra aux annuités destinées à l'amortissement; si, plus tard, les sommes affectées aux frais d'administration deviennent trop importantes, il faudra diminuer le taux de l'escompte et surtout celui des prêts sur consignation de denrées. Dans tous les cas, il me semble juste de prélever sur ces reliquats annuels une somme égale à environ le dixième de ces reliquats, et d'employer ce dixième à l'amélioration matérielle, intellectuelle et morale des travailleurs des campagnes, et à une distribution de primes aux employés salariés les plus méritants.

L'emploi du reliquat de la première année étant de 1,103,000 f., il serait versé à la section de l'escompte et des prêts sur consignation de denrées pour être placée et capitalisée à 3 0/0 en vue de

l'amortissement des emprunts de la première section, la
somme de. 1,000,000
Il serait dépensé pour l'amélioration matérielle,
intellectuelle et morale des ouvriers des champs,
et pour primes aux employés salariés. . . . 103,000

Total égal du reliquat, Fr. . 1,103,000

Troisième Année.

Dans le courant du mois de janvier, la Banque encaisse le
1/2 p. 0/0 de l'annuité, ci. 5,000,000
Elle reçoit pour l'amortissement 20,000,000,
auxquels il faut ajouter les
40,300,000 de la 1re et 2e année, 40,300,000
plus les intérêts sur cette somme
à 3 p. 0/0, lesquels produisent 1,209,000
plus le reliquat de la 2e année. 1,000,000

Ensemble, Fr. 62,509,000
servant aux prêts de la 2e section. La différence
entre le taux des prêts de la 2e section (5 p. 0/0)
et le taux de l'intérêt de capitalisation (3 p. 0/0)
donne un boni de 2 p. 0/0, qui, sur les
62,509,000 fr., produiraient, *en nombres ronds*, 1,250,000
En supposant que les dépôts restent stationnaires,
ils produiront, comme dans la 2e année. . Fr. 297,000

RECETTES TOTALES DE LA 3e ANNÉE POUR FRAIS
D'ADMINISTRATION. . . . . Fr. 6,547,000
A déduire les frais généraux. . . . . Fr. 5,000,000

Il reste disponible la somme de. . . . . Fr. 1,547,000

laquelle est employée comme suit :
A la caisse de la 2e section pour l'amortissement 1,400,000
A l'amélioration matérielle, etc., etc. . . 147,000

Somme égale : 1,547,000

Quatrième Année.

Recettes pour frais d'administration, 1re section,   5,000,000
4e annuité de l'amortissement,   20,000,000
Plus les annuités capitalisées des
trois premières années. 62,509,000
Intérêts de ces 62,509,000 fr.
    à 3 0|0. 1,875,000
Plus, le reliquat de la 3e année. 1,400,000

Somme destinée aux opérations
de la 2e section. 85,784,000
Différence de l'intérêt de 5 à 3 = 2 p. 0/0
cette somme de 85,784,000, produit. . . . 1,715,000
   Produit des dépôts en nombres ronds. . . . 300,000

RECETTES TOTALES DE LA 4e ANNÉE. . . . Fr.   7,015,000
   A déduire les frais généraux. 5,000,000

Il reste disponible la somme de. . . Fr.   2,015,000

Répartition de cette somme :
A la caisse de la 2e section pour l'amortissement. 1,800,000
A l'amélioration, etc., etc. 215,000

             Somme égale. . Fr.   2,015,000

Cinquième Année.

Recettes pour frais d'administration, 1re section,   5,000,000
5e annuité pour l'amortissement   20,000,000
Plus les annuités capitalisées des 4
années. 85,754,000
Intérêts à 3 p. 0/0 de cette dernière
somme. 2,572,000
Plus le reliquat de la 4e année. . . 1,800,000

Somme destinée aux opérations
   de la 2e section, . . Fr. 110,126,000
           A reporter. 5,000,000

Report. . . .	5,000,000
Différence du taux de l'intérêt à 2 p. 0/0 sur cette somme.	2,200,000
Produit des dépôts.	300,000
RECETTES TOTALES DE LA 5ᵉ ANNÉE. . . .	7,500,000

Je suppose qu'au lieu de 5,000,000 fr., les frais doivent être élevés pour supplément de loyers de magasins, etc., à la somme de. . . . 5,500,000

Il reste disponible la somme de. . . .	2,000,000

Répartition de cette somme ,

A la caisse de la 2ᵉ section pour l'amortissement	1,800,000
A l'amélioration matérielle, etc. , etc. . .	200,000
Somme égale .	2,000,000

Sixième Année.

Recettes pour frais d'administration 1ʳᵉ section, fr.	5,000,000

6ᵉ annuité par l'amortissement.   20,000,000
Les 5 annuités capitalisées.   .   110,126,000
Plus les intérêts à 3 p. 0/0 sur cette
somme. 3,303,000
Plus le reliquat de la 5ᵉ année. . 1,800,000

Somme destinée aux opérations
de la 2ᵉ section. . . Fr. 135,229,000

Différence du taux de l'intérêt 2 p. 0/0 sur cette somme	2,700,000
Produit des dépôts.	300,000
RECETTES TOTALES DE LA 6ᵉ ANNÉE. . .	8,000,000
A déduire les frais généraux. . . .	5,500,000
Il reste disponible la somme de. .	2,500,000

Répartition de cette somme :

A la caisse de la 2ᵉ section pour l'amortissement.	2,250,000
A l'amélioration matérielle, etc., etc. . .	250,000
Somme égale	2,500,000

Septième Année.

Recettes pour frais d'administration 1re section,		5,000,000
7e annuité pour l'amortissement.	. 20,000,000	
Les 6 annuités capitalisées.	. 135,229,000	
Plus les intérêts à 3 p. 0/0 sur cette somme.	4,056,000	
Plus le reliquat de la 6e année. .	2,250,000	

Somme destinée aux opérations de la 2e section. . . fr.	161,535,000	
Différence du taux de l'intérêt à 2 p. 0/0 sur cette somme.		3,230,000
Produit des dépôts.		300,000
RECETTES TOTALES DE LA 7e année		8,530,000
A déduire les frais généraux. . . .		5,500,000
Il reste disponible la somme de.		3,030,000

Répartition de cette somme :

A la caisse de la 2e section pour l'amortissement	2,700,000
A l'amélioration matérielle, etc., etc. . .	330,000
Somme égale	3,030,000

Huitième Année.

Recettes pour frais d'administration 1re section		5,000,000
8e annuité pour l'amortissement	20,000,000	
Les 7 annuités capitalisées. .	161,500,000	
Intérêts sur cette somme à 3 p. 0/0.	4,845,000	
Le reliquat de la 7e année. :	2.700,000	

Somme destinée aux opérations de la 2e section. . . fr.	189,045,000	
Différence du taux de l'intérêt à 2 p. 0/0 sur		
A reporter. . . .		5,000,000

	Report.	5,000,000
cette somme.		3,780,000
Produit des dépôts		300,000

Recettes totales de la 8e année.	9,080,000
à déduire les frais généraux.	5,500,000
Il reste disponible la somme de.	3,580,000

Répartition de cette somme :

| A la caisse de la 2e section pour l'amortissement. | 3,200,000 |
| A l'amélioration matérielle , etc., etc. | 380,000 |

| Somme égale | 3,580,000 |

Neuvième Année.

Recettes pour frais d'administration 1re section.	5,000,000
9e annuité pour l'amortissement. 20,000,000	
Les 8 annuités capitalisées. 189.000,000	
Intérêts sur cette somme à 3 p. 0/0 5,670,000	
Reliquat de la 8e année. 3,200,000	

Somme destinée aux opérations de la 2e section. 217,870,000	
Différence du taux de l'intérêt à 2 p. 0/0 sur cette somme.	4,356,000
Produits des dépôts.	300,000

| Recettes totales de la 9e année. | 9,656,000 |
| A déduire les frais généraux.. | 5,500,000 |

| Il reste disponible la somme de. | 4,156,000 |

Répartition de cette somme :

| A la caisse de la 2e section pour l'amortissement. | 3,700,000 |
| A l'amélioration matérielle, etc., etc. | 456,000 |

| Somme égale | 4,156,000 |

Dixième Année.

Recettes pour frais d'administration 1re section. 5,000,000
10e annuité pour l'amortissement. 20,000,000
Les 9 annuités capitalisées. .. 217,800,000
Intérêts sur cette somme à 3 p. 0/0 6,500,000
Reliquat de la 9e année. . 3,700,000

Somme destinée aux opérations
de la 2e section. . . . 248,000,000
Différence du taux de l'intérêt à 2 p 0/0. . 4,960,000
Produits des dépôts. 300,000

RECETTES TOTALES DE LA 10e ANNÉE. . . 10,260,000
A déduire les frais généraux, qu'à partir de cette
année, je porte à 6,000,000, parce que je suppose
que tous les 5 ans ces frais doivent augmenter d'un
dixième environ, ci. 6,000,000

Il reste disponible la somme de. . . . 4,260,000

Répartition de cette somme :
A la caisse de la 2e section pour l'amortissement 3,800,000
A l'amélioration matérielle, etc., etc. 460,000

Somme égale 4,260,000

Je ne crois pas devoir vous présenter les calculs jusqu'à la trente-deuxième année. Je vous en indiquerai seulement les résultats. Vous remarquerez que, dès la fin de la cinquième année, ou pour être plus exact, dans les premiers jours de la sixième, les valeurs mobilisables destinées à l'amortissement s'élèvent déjà à la somme de 135,229,000 fr., laquelle représente près du 1/7e de l'émission. Au début de la 7e année, ces mêmes valeurs mobilisables atteignent le chiffre de 161,535,000 fr., qui en est à très peu près la 6e partie. Vers le milieu de la neuvième année ces valeurs représentent le quart de l'émission. Si nous poussons le calcul jusqu'à la fin de la vingt-sixième année, nous nous trouvons en présence d'une somme de valeurs équivalentes à l'émission. Enfin, à la fin de la trente-deuxième année, ces valeurs s'élèvent à la somme de 1,495,239,000 fr., *ce qui représente* une fois et demie l'émission. — Rappelez-vous, Messieurs, que les trois signatures exigées par la Banque de France, sont remplacées dans la Banque foncière par le sol, d'une valeur vénale triple de l'émission, et qui est *toujours réalisable en monnaie.*

Mais ces calculs sont établis sans tenir compte des pertes que les Banques-filles peuvent éprouver. J'ai supposé également que les fonds étaient placés immédiatement après leur rentrée. En un mot, je n'ai tenu compte *d'aucune éventualité, d'aucun oléa.*

Voilà pourquoi, au lieu de fixer la limite des prêts à la vingt-sixième année, j'ai cru devoir par prudence, la porter à trente-deux ans, avec la réserve que si à la fin de cette période, l'amortissement ne pouvait pas être effectué, les emprunteurs continueraient à payer les annuités jusqu'à ce qu'il fût possible d'accomplir intégralement cet amortissement. Le calcul des probabilités peut faire espérer toutefois que la destruction des billets de la première période pourra être accomplie au plus tard en trente années.

Vous remarquerez, Messieurs, que les frais ordinaires d'administration évalués à 4,500,000 fr., dans l'état des dépenses, figurent pour 5 millions dans les calculs ci-dessus, et que dès la cinquième année, ils sont portés à 5,500,000 fr. Ces frais sont augmentés tous les cinq ans de 500,000 fr. et atteignent 8,000,000 fr. à la trentième année. — Du reste, l'augmentation pourrait être portée tous les cinq ans à 1 million sans changer la date de l'amortissement.

J'ai en outre prélevé, tous les ans, un dixième sur le reliquat des fonds acquis pour frais d'administration. Ce dixième, à la deuxième année, est de 106,000 fr; mais, il s'élève progressivement jusqu'à 1 million à la dix-neuvième année, et à partir de ce moment, il reste fixé à ce chiffre jusqu'à la fin de la période de prêts. — J'applique ce prélèvement, qui dans les trente-deux ans s'élève à 22 millions, à l'amélioration matérielle, intellectuelle et morale des travailleurs des campagnes, et à des primes aux employés salariés.

Il sera bon d'exciter le zèle des agents salariés par des primes annuelles distribuées aux plus méritants. Cette espèce de participation aux bienfaits de ces établissements de crédit serait un puissant aiguillon qu'il faut utiliser. Par ce moyen on éviterait, à coup sûr, une augmentation de personnel. Lors même qu'il serait nécessaire de prolonger de deux ou trois ans le terme des prêts, ce serait une excellente mesure dont la moralité ne vous échappera pas. Mais une prolongation du terme ne serait pas nécessaire, si la Banque reçoit en dépôt les sommes qui lui seront versées. La somme *constante* qui figure sur mes calculs est de 60,000 fr. pour chaque Banque et par an, ce qui forme 22,000,000 fr. pour les 372 Banques. Or, vous pouvez être certains, Messieurs, que les Banques recevront en dépôt des sommes dont il est difficile de préciser l'importance, mais qui, dans certains arrondissements, dépasseront de dix et de vingt fois celles qui figurent dans mes calculs pour une valeur constante de 60,000 fr.

La Banque ne sera pas embarrassée pour le placement de ces sommes, dont le produit considérable permettra, à coup sûr, de suffire largement à tous les services, en même temps qu'il avancera l'époque de l'amortissement. Tant que la Banque ne sera autorisée qu'à une émission d'un milliard, elle doit user de la ressource des dépôts remboursables à dix jours de vue.

Je n'ignore pas, Messieurs, que le milliard avec lequel opérera la Banque, ne représente que la cinquième partie, peut-être la sixième partie de la dette hypothécaire rurale. Je comprends que les services à rendre ne seront pas complets; mais, la deuxième section, au moyen des dépôts dont j'ai parlé, pourra provisoirement atténuer les effets d'une émission insuffisante. Soyez bien convaincus, d'ailleurs, que si le Gouvernement reconnaît la nécessité d'une nouvelle émission, il sera d'autant plus disposé à l'accorder, qu'il a le plus puissant intérêt à diminuer les charges de la propriété foncière et à seconder les progrès de l'agriculture.

Les propriétaires fonciers ruraux et les agriculteurs ne constituent-ils pas la grande masse des contribuables ? N'est-ce pas une diminution des charges que de faciliter les opérations d'un établissement de crédit, prêtant *sans intérêts* à la propriété foncière rurale et à 5 p. 0/0 à l'industrie agricole, avec l'espérance, pour ne pas dire la certitude, de prêter à celle-ci à 4 et même à 3 p. 0/0 ? Car, il ne faut pas s'y tromper, au fur et à mesure que l'émission atteindra le chiffre normal, indispensable, il sera facile de diminuer considérablement le taux de l'intérêt de la deuxième section, parce que les frais n'augmenteront pas proportionnellement au chiffre des opérations générales de la Banque foncière. — Il ne faudrait pas plus de personnel pour opérer avec deux ou trois milliards qu'avec un milliard (1). L'important pour le moment, c'est de démontrer que la Banque foncière peut fonctionner et se suffire à elle-même avec un milliard d'émission.

Avant de terminer, je crois nécessaire de répondre à une question qui me serait certainement adressée et que voici :

Puisque la Banque foncière, avec 1 milliard d'émission sera dans l'impossibilité de suffire à toutes les demandes d'emprunts, à quels emprunteurs donnera-t-elle la préférence ?

Il est certain qu'il est difficile de concilier tous les intérêts. A mon avis, le bon sens et l'équité doivent présider à la distribution de ce milliard. Il me semble qu'il faudrait accorder les prêts aux propriétaires les plus chargés de dettes hypothécaires, sous la condition expresse que la Banque se mettra au lieu et place du

(1) Si l'émission était portée à 2 milliards, le 1/2 p. 0/0 annuel pour frais d'administration produirait à la première section *dix millions* qui suffiraient et au delà pour couvrir *tous* les frais de la 1re et de la 2e section.

Si elle était portée à trois milliards, le 1/2 p. 0/0 atteindrait le chiffre de quinze millons. On voit donc que si le chiffre de l'émission est seulement porté à deux milliards, le taux de l'escompte et des prêts sur consignation de denrées pourrait être abaissé à 3 p. 0/0, qui est le taux de capitalisation de l'amortissement.

premier créancier inscrit. Les prêts ne seraient portés qu'au cinquième de la somme qui pourrait leur être donnée, si la Banque était en mesure de prêter jusqu'à concurrence de la *moitié* de la *valeur du sol nu.*

Supposons une propriété dont la *valeur vénale* est, par exemple, de 60,000 francs, et dont les experts estiment le *sol nu* à 40,000 francs. Il est clair que d'après les bases admises, la Banque pourrait prêter 20,000 francs à ce propriétaire. Mais comme elle ne peut disposer que du cinquième environ de la dette hypothécaire générale et probable, elle ne prêtera que le cinquième de 20,000 francs, soit 4,000 francs.

Il est un autre élément dont il est juste de tenir compte à propos de la distribution du milliard. — Je veux parler de la petite, de la moyenne et de la grande propriété. Ici, l'arbitraire seul me semble devoir servir de guide pour fixer les limites de chaque catégorie. On pourrait former la première des propriétés de 4,000 francs à 10,000 francs; la seconde de celles de 10,000 francs à 60,000 francs ; la troisième de celles de 60,000 francs et au-dessus.

A chaque catégorie serait affecté le tiers du milliard; il ne s'agirait plus que de déterminer la quotité à prêter aux propriétaires les plus obérés par les dettes hypothécaires; et au lieu du cinquième, les comités de prêts pourraient la porter au quart ou au tiers. Ceci est affaire de réglement intérieur, et si j'en ai parlé, c'est uniquement pour dire que la question n'est pas insoluble.

Enfin, je crois devoir vous signaler, Messieurs, l'avantage réel des prêts sur consignation de denrées, qui donneront aux agriculteurs, propriétaires ou fermiers, la possibilité d'éviter une vente souvent onéreuse, par la facilité qu'ils trouveront à la Banque de se procurer par l'escompte ou sur consignation de denrées, la somme qui leur permettra d'attendre l'occasion favorable de réaliser leurs produits. Les magasins des Banques-filles seront de véritables entrepôts de réserves, où les acheteurs trouveront toujours des approvisionnements considérables, en même temps que les vendeurs, sans presser sur les cours des denrées, pourront espérer d'obtenir pour leurs produits un prix rémunérateur.

La consignation des denrées dans les magasins, pourrait être supprimée au moyen de certaines précautions qu'une loi spéciale pourrait édicter. On arriverait ainsi à une économie considérable, en évitant la location de magasins destinés à recevoir les denrées consignées. Vous trouverez dans les Statuts, que ces denrées, moyennant une caution agréée par l'administration de la Banque, pourraient, sans inconvénients, rester consignées chez l'emprunteur. Mais cette caution est un obstacle, et il serait préférable d'employer un moyen plus simple et déjà appliqué par les Banques coloniales, et qui permettrait en même temps de faire des avances sur cheptel et sur récoltes pendantes. J'ignorais complétement la loi organique des Banques coloniales. J'en dois la connaissance à l'honorable M. Rozy, professeur d'économie politique à la Faculté de Droit de Toulouse, par la communication d'une brochure, petite par la forme, mais grande par les questions qu'elle embrasse. Cette brochure, qui a pour titre : *Révision du Code Napoléon*, est l'œuvre de M. Batbie, l'éminent professeur d'économie politique à la Faculté de Droit de Paris.

Je lis à la page 40 de cette brochure :

« La matière du prêt et des garanties accessoires, tels que
» gages, priviléges et hypothèques, donne lieu à des observa-
» tions graves. Pour constituer un gage, il faut que l'emprun-
» teur se dessaisisse de la possession. Toutes les fois que
» cette condition est impraticable, il ne peut pas engager les
» objets. Ainsi, le propriétaire qui veut faire un emprunt
» au moment de la récolte, ne peut pas engager les fruits qui
» ne sont pas encore détachés. S'il voulait donner en gage les
» animaux attachés à la culture, il serait obligé de les sé-
» parer de l'exploitation. On fait observer que, pour les meubles,
» la mise en possession du créancier est le seul moyen d'avertir
» les tiers du droit de préférence. Il est aisé de répondre que
» la loi organique des Banques coloniales permet d'engager les
» récoltes des plantations, et que cette loi a établi une publi-

» cité spéciale pour faire connaître aux tiers la constitution du
» droit de gage. Les procédés établis par la loi dont nous par-
» lons pourraient être étendus à la France ; car il est facile de
» se convaincre que ces dispositions ne tiennent pas à la si-
» tuation des colonies , et , par conséquent , les formalités de
» la loi sur les Banques coloniales pourraient être généralisées.
» Cette extension est demandée par tous ceux qui s'intéressent
» au progrès du crédit agricole.

» Les articles 8 et 9 de la loi du 11 juillet 1851 pourraient
» être introduits , sans inconvénients , selon nous , dans la loi
» commune.

» Art. 8. Tous actes ayant pour objet de constituer des nan-
» tissements par voie d'engagement , de cession de récoltes, de
» transport ou autrement , au profit des Banques coloniales , et
» d'établir leurs droits comme créanciers , seront enregistrés au
» droit fixe de deux francs ;

» Art. 9. Les receveurs de l'enregistrement tiendront re-
» gistre : 1° de la transcription des actes de prêt sur cession de
» récoltes pendantes , dans la circonscription de leurs bureaux
» respectifs ; 2° des déclarations et oppositions auxquelles ces
» actes pourront donner lieu.

» On voit par là que le législateur a organisé un moyen de
» rendre public l'engagement des récoltes pendantes , sans exiger
» qu'il y ait dessaisissement. Pourquoi conserver à cette dispo-
» sition un caractère exceptionnel , tandis que sa généralisation
» produirait d'excellents effets ? Par ce moyen , le propriétaire
» pourrait emprunter sur des bois non encore coupés , mais
» d'une échéance prochaine ; acheter les animaux dont il a be-
» soin, en les engageant spécialement à son prêteur ; se procurer
» de l'argent au moment des travaux de la moisson , en donnant
» pour sûreté la récolte pendante. L'agriculteur n'a pas tant de
» facilité à trouver du crédit , pour que la loi ajoute les restric-
» tions qu'elle crée à celles qui résultent naturellement de la
» position du cultivateur : Je demande qu'on lui restitue les
» moyens de crédit dont il a été privé artificiellement. Les

» conclusions que je viens de formuler ont été déjà exposées
» avec beaucoup de force et d'autorité par un comité composé
» d'agriculteurs distingués, dans un travail dont je me suis beau-
» coup servi. M. d'Esterno a pris une part considérable aux
» délibérations de ce comité, et je manquerais de justice si je
» ne rendais pas ici un public hommage à son intelligente ini-
» tiative. »

Il n'y a rien à ajouter aux lignes qui précèdent, et vous com-
prendrez, Messieurs, que les prêts sur consignation de denrées,
sur cheptel et sur récoltes pendantes, ne présenteraient aucune
difficulté, si les procédés établis par la loi organique des Banques
coloniales étaient étendus à la métropole.

Enfin, il serait à désirer que le régime dotal, qui n'est qu'une
exception, fût supprimé de nos codes, et le que régime hypothécaire, pour ce qui concerne l'hypothèque légale, fût soumis
à des modifications généralement reconnues nécessaires dans l'intérêt du Crédit foncier rural et du Crédit agricole Il y a là
des priviléges qui enlèvent au propriétaire foncier la facilité de
trouver du crédit et qu'il serait utile de faire disparaître.

» On a démocratisé les emprunts nationaux, dit M. d'Esterno,
» dans un livre récent, intitulé : *Des Privilégiés de l'ancien
» régime, et des Privilégiés du nouveau*; pourquoi continue-t-on
» à privilégier les prêts à l'agriculture et à la propriété ? Pour-
» quoi ? Parce que les prêteurs sont assez puissants pour se faire
» redouter, et que les emprunteurs sont trop faibles pour se
» défendre. »

En terminant, je dois déclarer qu'à mon sens, ce n'est pas
à titre de privilége qu'il faudrait demander la création des Banques qui font l'objet de mon système de crédit foncier rural et
de crédit agricole combinés, pas plus que celle d'un procédé
quelconque de crédit ; car tout privilége est contraire aux principes de la science économique et de l'équité.

Et maintenant, Messieurs, permettez-moi de vous dire que je suis loin de croire que mon projet soit irréprochable. Un travail de cette nature ne saurait être complété par un seul homme. Vous allez prendre connaissance des statuts. Il peut y avoir à retoucher et à modifier les détails, et je recevrai avec reconnaissance les observations et les modifications qui me seront présentées. Quant aux bases de mon système de crédit, elles me paraissent fondées sur l'équité et la justice, et j'ai la conviction qu'elles touchent aux principes de la science par les points essentiels qui consistent : *dans la certitude de l'échange des billets contre des espèces, et dans la certitude du remboursement intégral de l'émission en cas de liquidation normale ou forcée.*

Faudrait-il donc renoncer à l'usage d'un titre fiduciaire appuyé sur la source de tous les capitaux matériels, le sol, lorsque l'émission proposée est *trois fois plus faible* que la valeur vénale de cette garantie matérielle, toujours réalisable en monnaie ?

Faudrait-il renoncer pour la propriété foncière rurale et pour l'agriculture, à l'usage du Billet de Banque si utile au commerce et à l'industrie ?

En définitive, c'est le public qui donne le crédit aux billets de la Banque de France, malgré la certaine part d'aléa qu'ils présentent. Pourquoi donc refuserait-il le crédit à des billets à l'abri de toute espèce de riques ? Le bon sens ne saurait admettre une semblable contradiction. Le temps est un bon maître, et qui vivra, verra.

Le Gouvernement ne pourra pas refuser à la Banque foncière l'autorisation de s'organiser sur ces bases, à moins qu'il ne retire à la Banque de France le privilège qui lui a été accordé. Je n'ai pas besoin de vous dire, Messieurs, que, pas plus que vous, je ne désire voir se réaliser cette dernière mesure, qui, quoique conforme à la logique et à l'équité, n'en serait pas moins un malheur public. — Cette conclusion est celle que vous avez pu lire à la suite des formules de l'émission de la Banque de France, et de la Banque foncière , dans l'exposé que j'ai eu l'honneur de soumettre à votre appréciation au mois de février dernier.

Aujourd'hui, vous connaissez ma pensée toute entière, je la livre à vos méditations et à votre jugement. Quelle que soit votre appréciation définitive, je n'oublierai jamais, Messieurs, que je dois à votre extrême indulgence pour mon premier travail l'honneur d'être associé-correspondant de votre honorable Société.

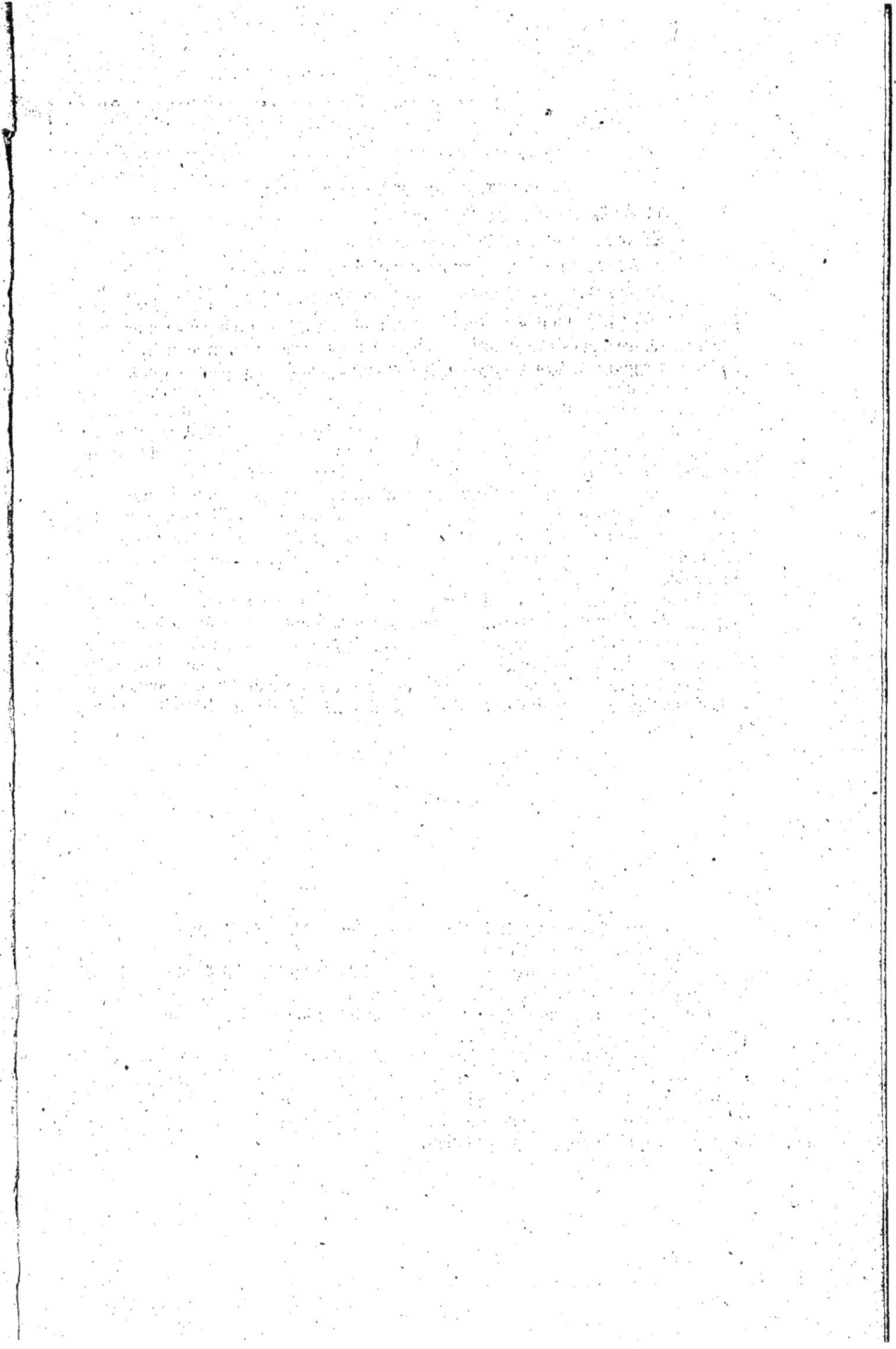

BANQUE DE FRANCE.

1° Capital d'assurance. — Fourni primitivement en numéraire par les actionnaires; aujourd'hui converti en rentes sur l'État, ce qui procure un intérêt par les arrérages, mais constitue un *aléa* dont il est juste de tenir compte. — Les actionnaires ne sont engagés que jusqu'à concurrence de ce capital, en cas d'avaries de la matière escomptable; de sorte que, si par suite de commotions révolutionnaires ou une violente crise commerciale, la Banque se trouvait dans l'impossibilité de continuer ses opérations, et, par suite, dans la nécessité de rembourser la somme intégrale de ses billets à vue, les porteurs des derniers billets de banque impayés n'auraient rien à réclamer, si le capital de garantie et les diverses ressources de la Banque étaient insuffisants pour couvrir les avaries du portefeuille. — Mais le calcul des probabilités, et l'extrême prudence de la Banque sont des garanties qu'il est juste de reconnaître, et qui donnent une sécurité suffisante à ses billets de banque, malgré les erreurs possibles dans le choix de la matière escomptable.

2° Émission. — Billets de banque payables à vue, au porteur. — Coupures à partir de 50 fr. et au-dessus. — Encaisse métallique destiné à l'échange des billets contre espèces, formé par la transformation en espèces, du tiers environ de chaque opération contre pareille somme de billets de banque. Ce capital ne coûte rien à la Banque de France. Les dépôts et les versements du Trésor contribuent à la formation et au maintien de l'encaisse destiné à l'échange des billets contre des espèces.

3° Rapport du capital d'assurance à l'émission.

Le capital d'assurance est égal à 1.
L'émission pourrait être portée à . . 4,75 (loi de 1849.) La loi du 6 avril 1850 n'impose plus de limites à l'émission : cependant, le un sers de éléments de la loi de 1849 n'autorise la Banque à émettre pour 525 millions de billets contre un capital d'assurance de 91,250,000 fr.

D'où la conséquence que l'émission est représentée par une somme de promesses de payer (billets à ordre, lettres de change), basées sur la *confiance* au paiement de ces billets revêtus de trois signatures (gage moral) et assurées par le capital d'assurance, représentant environ le 1/5e de l'émission ou de la matière escomptable qui en est la représentation.

BANQUE FONCIÈRE ET AGRICOLE.

SECTION DES PRÊTS À LA PROPRIÉTÉ FONCIÈRE RURALE.

1° Capital de garantie. — Au lieu de numéraire converti en rentes sur l'État, ce capital est remplacé par la *propriété entière* de chaque emprunteur au moyen de l'hypothèque. — Les prêts ne pourront être faits que jusqu'à concurrence de la moitié, au plus, de la valeur du *sol nu*, non compris les constructions, ni les plantations, etc. —. Le *sol nu* est un *capital réel*, puisque le sol est la source de tous les capitaux matériels, et qu'il est, en outre, *l'instrument de travail le plus indispensable* à l'humanité. — Les porteurs des billets de la banque foncière et agricole ne pourraient jamais rien perdre, parce que le sol qui sert de garantie est d'une valeur au moins double de celle de l'émission; d'où il suit que les billets de banque sont garantis contre toute espèce de risque.

2° Émission. — Billets de Banque payables à vue, au porteur. — Coupures de 10 fr., 20 fr., 50 fr., et au-dessus. — L'encaisse métallique formé de la même manière qu'à la Banque de France. —. Les petites coupures feraient affluer *naturellement* à la Banque une quantité considérable de monnaie métallique; ce qui ne l'empêcherait pas de constituer son encaisse métallique suivant le calcul des probabilités. — Billets de banque *fabriqués* au fur et à mesure des emprunts, puisqu'ils ne peuvent pas dépasser le montant de l'emprunt accordé, c'est-à-dire la moitié, au plus, de la valeur du *sol nu*. — Il n'y aurait aucun danger de créer des billets destinés à être transformés en espèces pour l'encaisse métallique; cette création, d'après l'expérience acquise, nécessitant tout au plus un quart du montant des opérations, ou pour mieux dire, de l'émission. — D'ailleurs, ces billets auraient toujours ces *espèces* pour garantie, indépendamment des annuités destinées à l'amortissement, et des réserves; et l'encaisse resterait toujours proportionnel à l'émission quant à la somme, et composé de billets et d'espèces métalliques du, ou de numéraire pour la totalité.

3° Rapport du capital de garantie à l'émission.

Le capital de garantie est égal à 2 au moins.
L'émission serait de 1 au plus.
D'où la conséquence que l'émission étant représentée par des engagements notariés de payer à échéance déterminée et par à-comptes annuels, l'émission a pour appui l'hypothèque prise sur un gage matériel, le sol, d'une valeur *au moins double* de celle de l'émission, et *réalisable en monnaie*. — A cette garantie *infaillible* viennent s'ajouter les à-comptes annuels ou annuités destinées à l'amortissement. — D'où il suit que les billets de banque s'amortissent à la fin de chaque période d'emprunt, et que, chaque année, leur sécurité augmente.

4° Matière escomptable. — Elle consiste en billets à ordre revêtus de trois signatures, et représentant la valeur d'un produit consommé, ou qui, dans la plupart des cas, n'existe plus chez aucun des trois signataires solidaires de ces billets à ordre. — Ils ne reposent sur aucune *valeur matérielle* qui leur soit *spécialement* affectée comme garantie. — Ces billets à ordre sont bien souvent le résultat d'un emprunt. — Ils sont à *courte échéance*, parce que la position des signataires peut changer d'un moment à l'autre, et qu'ils sont uniquement basés sur la *confiance au payement* à l'échéance, et assurés par le capital d'assurance égal au 1/6° environ de l'émission autorisée par la loi de 1849.

Je ne parle pas des réserves ni des immeubles de la Banque de France, qui sont le résultat d'une portion des bénéfices accumulés par prévoyance ou par nécessité.

5° Taux de l'intérêt. — Le taux de l'intérêt est inférieur à celui des banquiers. Dans tous les cas, il est inférieur à la quotité des bénéfices réalisés par les industriels et les commerçants. — Le taux moyen à la Banque de France peut être évalué à 4 p. 0/0 ; il descend à 3 p. 0/0 dans bien des circonstances. La Banque pourrait le maintenir à cette dernière *quotité*, tout en servant à ses actionnaires un bénéfice plus que légitime. Car, malgré le taux actuel de 2 et 2 1/2 p. 0/0, les actions de la Banque de France valent aujourd'hui 3,170 francs. La Banque de France est autorisée à dépasser le taux de l'intérêt légal, qui est de 6 p. 0/0. C'est un pas vers la liberté du taux de l'intérêt, qui, rationnellement et équitablement, doit varier suivant les risques. C'est un privilège de plus ajouté à son monopole. Il est à désirer que la liberté du taux de l'intérêt devienne le droit commun.

4° Matière escomptable. — Elle consiste en billets à ordre revêtus d'une seule signature, formés du montant de chaque annuité et on engagements notariés de payer à *longue échéance*, mais déterminée et par 6-comptes annuels ou annuités, la somme pour laquelle l'emprunteur s'est engagé. Ces engagements ne sont pas le résultat d'une transaction d'échange de produits. Ils sont toujours celui d'un emprunt. — Ils n'ont pas pour seul appui *la confiance au payement*, que les propriétaires peuvent mériter au même titre que les industriels et les commerçants. — Mais comme ils sont à *longue échéance*, qu'ils sont revêtus d'une seule signature et que la position des propriétaires, comme celle des négociants, est susceptible d'être altérée avant le terme, il est nécessaire que ces titres (billets à ordre et engagements notariés) présentent *tous les caractères de l'infaillibilité jusqu'à l'échéance définitive*. Il faut arriver à *garantir l'émission contre toute espèce de risques*. Dès lors un capital de garantie, même en monnaie métallique, égal au 1/6° de l'émission ou de la matière escomptable, comme cela a lieu à la Banque de France, serait insuffisant. Les deux signatures ou plus de la matière escomptable de la Banque de France, sont remplacées ici par *l'entière propriété de l'emprunteur*, propriété dont la valeur du *sol nu* est au moins *double* de la somme empruntée, *triple* de la valeur vénale et RÉALISABLE EN MONNAIE. Par l'hypothèque, le *sol nu*, d'une valeur au moins double de celle de l'émission et par conséquent des engagements de payer, devient le gage matériel *infaillible* de ces engagements

5° Taux de l'intérêt. — Puisque *l'emprunteur* fournit lui-même le capital de garantie, le *sol*, je peux même dire la valeur *totale de sa propriété*, *constructions comprises* (on se souvient que pour le prêt on ne tient compte que de la valeur du *sol nu*), et que le *sol nu* est d'une valeur au moins double de celle de l'émission, il devient naturellement *actionnaire* de la Banque foncière. Dans ce cas, s'il paie un intérêt comme *emprunteur*, cet intérêt doit lui être rendu, à titre de dividende, en sa qualité *d'actionnaire*.

DONC, LA VALEUR DE LOCATION DU CAPITAL N'A PAS DE RAISON D'ÊTRE.

On ne peut exiger de l'emprunteur que l'annuité comprenant :

1° Les frais d'administration de toute nature ;

2° Une *qualité* pour une réserve, location d'immeubles pour les locaux destinés à l'administration, et les magasins d'entrepôt affectés aux prêts sur consignations de denrées, etc., etc. ;

Ces deux éléments ne peuvent pas être évalués à plus de 1/2 p. 0/0 *par an*.

3° L'amortissement que je porte à 2 p. 0/0 par an : ce qui fait un total de 2 1/2 p. 0/0 pour chaque annuité.

Avec 2 p. 0/0 par an capitalisés à 5 p. 0/0, la dette serait amortie rigoureusement en 26 ans. Dans mon projet j'ai fixé le terme à 52 ans.

L'annuité doit être payable d'avance, comme l'escompte à la Banque de France, parce que c'est avec les fonds destinés à l'amortissement que se fait le service de la section des prêts à l'industrie agricole, ou agriculture proprement dite.

6° Caractères de la Banque de France. — Banque de spéculation à cause :

1° D'une certaine part d'*aléa* sur la matière escomptable.

2° D'une certaine part l'*aléa* sur le capital d'assurance converti en effets de la dette publique ou en avances à l'Etat.

Les actionnaires ne sont responsables que jusqu'à concurrence du montant de leurs actions. — En cas de commotions révolutionnaires ou de violentes crises commerciales, *cours forcé* demandé et justement accordé pour éviter des désastres. — Enfin possibilité, dans ce dernier cas, d'insuffisance de la matière escomptable et du capital d'assurance pour le remboursement intégral des billets.

PRIVILÈGE EXORBITANT de battre une monnaie fiduciaire qui sextuple à peu près le capital des actionnaires pour un service *social*, limité exclusivement à la minorité de l'industrie et du commerce.

CRÉDIT DONNÉ ET PAYÉ PAR L'EMPRUNTEUR.
MONOPOLE !

7° Formule de la valeur de l'émission.
L'ÉMISSION. = La matière escomptable *appuyée* sur la *confiance* au paiement par l'un des trois signataires (gage moral) et *assurée* contre les avaries possibles du portefeuille par le capital de garantie en rentes sur l'Etat égal à $\dfrac{\text{Émission}}{5,75}$ (d'après la proportion établie par la loi de 1849. Ainsi que je viens de le dire, la loi du 6 avril 1850 n'impose plus de limites à l'émission de la Banque de France.)

6° Caractères de la Banque Foncière. — Pas d'actionnaires, pas de dividendes, pas de spéculation. -- *Solidité absolue* de la matière escomptable et de l'émission. - Certitude du remboursement intégral des Billets de Banque à cause de l'*infaillibilité* du capital de garantie au moins double de la valeur de l'émission. — Dès que le public comprendra l'*infaillibilité* des billets de banque, le cours *forcé* ne sera ni nécessaire, ni demandé, ces billets s'imposent par la certitude du remboursement intégral, quelle que soit la violence des crises commerciales, agricoles ou des commotions révolutionnaires. — Extinction des billets à la fin de chaque période d'emprunt pour une somme égale à celle des emprunts de cette période. — Cette extinction sera réalisée au moyen des prêts faits à l'agriculture avec les annuités destinées à l'amortissement des prêts aux propriétaires du sol et au moyen des placements opérés, s'il y a lieu, en rentes sur l'Etat ou en valeurs mobilières rapportant au moins 5 p. °...

La Banque foncière se compose d'une collection illimitée d'unités de banque d'émission et de prêt, sans solidarité entr'elles, rattachée à une administration et à des statuts communs, et pouvant se liquider isolément sans troubler la marche régulière des autres unités.

De là, résulte un caractère incontestable de sécurité, de moralité et de perpétuité. = Pas de valeur de location du capital pour le propriétaire foncier rural. Intérêt à bon marché pour l'agriculteur.

7° Formule de la valeur de l'émission.

L'ÉMISSION. = La matière escomptable *appuyée* sur la confiance, au paiement par un seul souscripteur ; mais garantie par une *valeur réelle*, *réalisable en monnaie*, le sol nu (gage matériel) égal à émission × 2 et × 3 si l'on prend la valeur vénale.

Section des prêts à l'agriculture proprement dite.

1° Escompte des billets d'agriculteurs (propriétaires ou fermiers), à deux signatures. Cet escompte serait fait avec les fonds des annuités destinés à l'amortissement des emprunts des propriétaires fonciers ruraux, et au moyen des sommes déposées à la Banque.

2° Prêts sur consignation de denrées, effectués par les mêmes moyens.

(Voir l'esquisse des Statuts)

PROJET DE STATUTS

ORGANISATION.

DISPOSITIONS GÉNÉRALES.

TITRE I.

ART. 1er. La Banque foncière a pour but :

1° De prêter, sur première hypothèque, à tout propriétaire foncier rural, jusqu'à concurrence de la moitié de la valeur du sol nu ;

2° D'escompter les billets à deux signatures présentés par des propriétaires, des fermiers et des cultivateurs associés ou intéressés à une exploitation rurale ;

3° De faire des avances sur consignation de produits agricoles.

ART. 2. Elle est divisée en deux sections :

La première comprend tous les prêts par hypothèque.

La seconde comprend l'escompte des billets à deux signatures, et les avances sur consignation de produits agricoles.

ART. 3 La Banque foncière est formée :

1° D'une Banque-mère, dont le siège est à Paris ;

2° D'une Banque-fille dans chaque chef-lieu de département et dans chaque chef-lieu d'arrondissement.

Ces diverses Banques seront fondées de manière à ce qu'elles puissent commencer simultanément leurs opérations.

Si l'administration de la Banque-mère le juge nécessaire, elle fondera des Banques-filles, ailleurs que dans les chefs-lieux d'arrondissement, mais dans une localité de l'arrondissement, où elles pourront fonctionner avec utilité.

ART. 4. Les prêts de la Banque foncière sont effectués au moyen d'une émission de billets de Banque, dont la somme ne pourra, provisoirement et jusqu'à nouvelle autorisation, dépasser le chiffre d'un milliard.

Ces billets sont payables à vue, au porteur, en espèces.

La Banque-mère fabriquera, suivant des proportions déterminées par le conseil supérieur, l'administration et les comités de la Banque-fille du département de la Seine, des coupures de 10 f., 20 fr., 50 fr., 100 fr., 200 fr., 500 fr. et 1,000 fr.

Art. 5. Les Billets de Banque seront délivrés aux Banques-filles, au fur et à mesure des prêts consentis aux emprunteurs de la 1re section.

Art. 6. Le milliard d'émission sera réparti proportionnellement au nombre des Banques-filles. Il y a en France 89 chefs-lieux de département et 283 chefs-lieux d'arrondissement.

Par conséquent, il y aura 372 Banques-filles, indépendamment de la Banque-mère.

Il sera mis à la disposition de chacune des Banques-filles, la somme de fr. 2,688,000 en billets de banque. La Banque-fille du département de la Seine aura pour sa part 2,752,000 fr.

Art. 7. En même temps que les sommes des billets dont il est parlé aux art. 5 et 6, la Banque-mère distribuera aux Banques-filles une somme de billets égale au quart de la somme des prêts consentis. Ces billets destinés à la formation de l'encaisse métallique pour l'échange à vue, devront être convertis en espèces, avant la remise à l'emprunteur des billets de Banque destinés aux prêts, afin que l'encaisse métallique soit constitué avant la réalisation de chaque prêt, et dans la proportion du quart de chaque prêt.

Art. 8. Les Banques-filles doivent conserver constamment l'encaisse métallique au quart de la somme des prêts effectués, lors même que *l'encaisse métallique* serait momentanément composé de monnaie et de billets. Ces billets, en un mot, ne peuvent, en aucun cas, être détournés de leur destination. Ils doivent figurer à l'encaisse destiné à l'échange à vue, soit en nature, soit en monnaie.

Art. 9. Dans le cas où, dans certaines Banques-filles, les demandes de prêts n'atteindraient pas la somme qui leur est attribuée, la Banque-mère distribuera les billets restés sans emploi, aux Banques-filles, dont les demandes de prêts dépasseraient les ressources.

Art. 10. La somme de un milliard étant insuffisante pour rembourser toutes les dettes hypothécaires de la propriété foncière rurale, la Banque-mère déterminera, par un réglement spécial, la quotité qui devra être prêtée par les Banques-filles, suivant le nombre des demandes, suivant les catégories de petite, de moyenne et de grande propriété, enfin, suivant l'importance des dettes hypothécaires des demandeurs.

Art. 11. L'escompte et les avances sur consignation de denrées agricoles seront effectués :

1o Au moyen des annuités versées annuellement et d'avance, pour l'amortissement des emprunts de la première section. Il n'y aura en conséquence aucune nouvelle création de billets de Banque pour le service de la 2e section ;

2º Au moyen des sommes versées à titre de dépôts, et dont il sera parlé plus bas.

ART. 12. L'émission des billets de Banque servant aux emprunts de la première section, est amortissable au moyen de 32 annuités, égales à 2 p. 0/0 des billets émis pour les emprunts, et capitalisés par la 2e section, à raison de 3 p. 0/0 l'an, jusqu'à l'amortissement complet en 32 ans.

A cette annuité de 2 p. 0/0 destinée à l'amortissement, il sera ajouté 1/2 p. 0/0 sur le capital emprunté pour couvrir les frais d'administration. L'annuité totale sera donc de 2 1/2 p. 0|0.

ART. 13. Chaque période de prêts comprend tous les prêts effectués dans le cours d'une année, et qui doivent être amortis à la 32e année. A cette époque, la 2e section est en mesure, par la réalisation des valeurs capitalisées de son portefeuille, de rembourser et de retirer de la circulation une somme de billets égale à l'émission ou aux emprunts effectués pendant la première année de la période. Cette somme de billets est détruite publiquement par la Banque-mère.

ART. 14. La Banque foncière s'interdit tout prêt à la propriété foncière urbaine, aux communes, aux départements et à l'Etat.

Elle s'interdit également toute souscription à des emprunts étrangers, toute participation à des sociétés quelconques par actions, et tout escompte direct de billets de commerce.

Elle ne pourra acheter à la bourse des valeurs mobilières, que dans le cas où les demandes d'escompte ou de prêts sur consignation de denrées ne suffiraient pas pour utiliser les fonds destinés à l'amortissement.

Dans ce cas, elle donnera la préférence à la rente française sur l'Etat, sous la condition expresse que ces titres rapporteront 4 p. 0/0 au moins au moment de l'achat.

ART. 15. La deuxième section des Banques-filles pourra recevoir en dépôt les sommes qui lui seront remises contre des billets de dépôt payables à 10 jours de vue.

Ces dépôts ne pourront pas être inférieurs aux sous-multiples de 100 fr., tels que 5 fr., 10 fr., 20 fr., 25 fr., 50 francs. La Banque ne recevra, en conséquence, que des multiples ou des sous-multiples de 100 francs.

ART. 16. L'intérêt sera payé à raison de 3 fr. 65 p. % par an, soit un centime par jour, à dater du lendemain du versement jusques et y compris le jour où le billet sera présenté au *visa*.

ART. 17. Les sommes provenant de ces dépôts, seront employées à l'escompte et aux avances sur consignation de denrées, concurremment avec les fonds destinés à l'amortissement.

ART. 18. La Banque-mère publiera chaque semaine dans le *Moniteur* un résumé général de l'Etat de situation, comme le fait la Banque de France.

Ce résumé sera établi au moyen des états hebdomadaires que les Banques-filles sont tenues d'adresser à la Banque-mère.

Art. 19. Il y aura de droit dans chaque Banque-fille, une assemblée générale de tous les emprunteurs de la 1re section dans le courant de janvier ou dans la première quinzaine de février au plus tard, pour présenter le compte-rendu de l'année écoulée.

Ce compte-rendu sera présenté par le conseil d'administration de la Banque-fille.

Art. 20. Si, à la fin d'un exercice, et après le paiement des frais généraux d'administration et des intérêts à 3 p. 0/0 destinés à être capitalisés avec les annuités affectées à l'amortissement, il reste une somme disponible, l'emploi pourra être fait de la manière suivante :

Il sera prélevé sur ce reliquat le dixième environ, qui sera appliqué à l'amélioration matérielle, intellectuelle et morale des ouvriers des campagnes. Ce dixième ne pourra jamais dépasser un million.

Un autre dixième, au plus, sera prélevé pour distribuer aux agents salariés les plus méritants, des primes proportionnelles à leurs appointements. Ce dixième ne pourra, dans aucun cas, dépasser un million.

Ces deux prélèvements sont subordonnés à l'état de la situation générale. La Banque-mère déterminera pour chaque Banque-fille une somme d'autant plus considérable que le nombre des employés sera plus restreint par rapport à l'importance des opérations.

Le reliquat sera réuni aux fonds d'amortissement.

Art. 21. Dans le cas où, à la fin de la 32e année, par suite d'éventualités ou de pertes imprévues, les sommes capitalisées en vue de l'amortissement, n'atteindraient pas le chiffre d'un milliard, les annuités seront payées par les emprunteurs de la 1re section, jusqu'à ce que la somme soit complète.

Art. 22. Chaque emprunteur doit s'engager à se conformer aux statuts qu'il signera sur un exemplaire *ad hoc.* Il lui en sera remis un exemplaire au moment de la demande d'emprunt, laquelle ne devra recevoir son exécution qu'après l'engagement signé dont il vient d'être parlé.

Art. 23. Aucun changement ne peut être apporté par la Banque-mère aux statuts sans avoir préalablement consulté les conseils d'administration de toutes les Banques-filles.

Le conseil d'administration de chaque Banque-fille a le droit de provoquer tout changement aux statuts. Dans ce cas, le conseil formule ses propositions, les adresse à la Banque-mère qui, à son tour, les soumet à toutes les Banques-filles.

Pour toutes les décisions à prendre, au point de vue du présent article, il faut toujours au moins les deux tiers des voix dans les conseils d'administration des Banques-filles, comme dans celui de la Banque-mère.

PERSONNEL

TITRE II.

Banque-mère.

Art. 24. Le personnel de la Banque-mère se compose :

1º D'un directeur général et de huit inspecteurs désignés par l'Etat, et dont les fonctions sont rétribuées au moyen des fonds destinés aux frais généraux.

2º D'un conseil supérieur d'administration exclusivement composé d'emprunteurs de la 1re section de la Banque-fille du département de la Seine et dont les fonctions sont gratuites et obligatoires.

3º D'agents salariés nommés par le directeur général.

Art. 25. La Banque-mère fonctionne sous la direction du conseil supérieur d'administration, présidé par le directeur-général et composé de dix membres pris parmi les emprunteurs de la 1re section de la Banque-fille de Paris et ceux des deux arrondissements du département de la Seine.

Art. 26. Peuvent seuls faire partie du conseil supérieur, les propriétaires fonciers ruraux qui ont emprunté au moins une somme de cinq mille francs.

Art. 27. La durée de ces fonctions est limitée à deux mois, les membres du conseil sont renouvelables par moitié chaque mois, par la voie du sort.

En conséquence, tous les noms de la catégorie des emprunteurs d'au moins 5,000 francs seront placés dans une urne, et les noms qui sortiront ne figureront de nouveau sur la liste qu'après l'épuisement des noms qui la composent.

Art. 28. Les membres sortants sont également désignés par la voie du sort. Les deux tirages ont lieu dans la même séance, au moins quinze jours avant l'époque fixée pour le remplacement des membres sortants.

Art. 29. Les fonctions de membre du conseil supérieur ne dispensent pas des fonctions de membre du conseil d'administration des Banques-filles du département de la Seine. Mais les deux fonctions ne peuvent pas être exercées simultanément.

Art. 30. Au début, les membres du conseil supérieur d'administration seront désignés par le directeur général, qui les choisira sur la liste des demandes d'emprunt.

ART. 31. Tout membre du conseil supérieur peut se faire remplacer par l'un des membres portés sur la liste de la catégorie appelée à remplir ces fonctions.

ART. 32. Tout membre du conseil supérieur, qui, sans motifs valables, ne se fait pas remplacer aux séances obligatoires, est passible, pour la 1re et la 2e fois, d'une amende de.....

Le produit de ces amendes sera appliqué à l'amélioration matérielle, intellectuelle et morale des travailleurs des campagnes.

ART. 33. S'il s'absente trois fois de suite sans se faire remplacer, la Banque-mère peut, outre l'amende, le priver temporairement des avantages de l'escompte et de l'avance sur consignations de denrées

ART. 34. Les décisions du conseil supérieur d'administration, pour être valables, doivent être prises au moins par six membres présents et le directeur général, à la majorité des voix.

ART. 35. L'un des inspecteurs remplit les fonctions de secrétaire. Le procès-verbal de chaque séance est inscrit sur un registre et approuvé par le directeur général, le secrétaire et deux membres du conseil.

ART. 36. La Banque-mère veille à ce que les Banques-filles observent les statuts, les réglements d'ordre intérieur et les instructions transmises par elle.

ART. 37. La Banque-mère fait contrôler par les inspecteurs au moins quatre fois par an et à des époques indéterminées, les registres, les caisses et les portefeuilles de toutes les Banques-filles. Ces inspections font l'objet d'un rapport adressé par les inspecteurs au directeur général, qui les communique au conseil supérieur.

ART. 38. La Banque-mère indique la marche uniforme à suivre pour tout ce qui concerne la comptabilité. Elle donne les modèles des registres, des états, en un mot de toutes les pièces comptables.

ART. 39. Elle rédige les réglements d'administration intérieure qui ne doivent jamais s'écarter des statuts.

ART. 40. Elle est exclusivement chargée de l'impression des billets de banque, qui ne sont créés qu'au fur et à mesure des prêts accordés, et délivrés aux Banques-filles au moment où le prêt peut être réalisé.

ART. 41. La Banque-mère conserve les planches des billets de banque, les fait imprimer dans un atelier spécial, fermé par trois serrures différentes, dont les clefs sont remises, l'une au directeur général, la seconde à l'un des membres du conseil supérieur, la troisième au trésorier de la Banque-fille de Paris.

ART. 42. Le conseil supérieur déterminera les mesures à prendre pour l'impression des billets, afin que cette opération soit exécutée avec toutes les garanties que les emprunteurs et le public sont en droit d'exiger.

ART. 43. C'est par les soins de la Banque-mère que les billets sont détruits publiquement, lorsqu'il y a lieu d'en retirer de la circulation une certaine quantité. La somme des billets détruits doit spécialement figurer au *Moniteur*, dans l'état de situation hebdomadaire.

ART. 44. Les agents salariés placés sous les ordres du directeur général, outre les huit inspecteurs, se composent :.

1° D'un chef de comptabilité chargé, au besoin, de la correspondance.

2° De cinq employés.

3° D'un garçon de bureau.

ART. 45. Ce personnel peut être modifié en plus ou en moins, suivant les besoins du service.

ART. 46. La Banque-fille de Paris sera installée dans les mêmes locaux que la Banque-mère. Mais elle fonctionnera, comme les Banques-filles des chefs-lieux de département et d'arrondissement, avec un personnel particulier.

Banques-filles.

ART. 47. Les Banques-filles fonctionnent sous la direction d'un conseil d'administration composé de tous les membres des divers comités. Le président du conseil est désigné par tous les membres des comités.

Les fonctions de membre du conseil et des divers comités, sont gratuites, obligatoires et exercées par les propriétaires fonciers de la 1re section, qui ont emprunté au moins une somme de mille francs.

ART. 48. Les dispositions des art. 27, 28, 31, 32, 33 et 34, sont applicables à tous les membres du conseil d'administration et des comités des Banques-filles.

ART. 49. Au début, les membres du conseil d'administration sont désignés par le Préfet pour les chefs-lieux de département, et par le Sous-Préfet pour les chefs-lieux d'arrondissement, sur une liste de candidats, présentée par les maires de ces chefs-lieux.

Cette liste devra contenir un nombre double de candidats, pris parmi des propriétaires fonciers ruraux de l'arrondissement.

ART. 50. Le président du conseil d'administration est chargé de l'application des statuts et réglements ; il correspond avec la Banque-mère.

ART. 51. Les comités sont au nombre de trois, savoir :

1° Le comité des prêts de la 1re section.

2° Le comité d'escompte et d'avances sur consignation de denrées de la 2e section.

3° Le comité du contentieux faisant le service des deux sections.

Chacun de ces comités est composé de quatre membres.

Art. 52. Toutes les décisions du conseil d'administration, pour être valables, doivent être prises par 7 membres au moins, y compris le président, et à la majorité des voix.

Art. 53. Celles des comités ne peuvent être prises que par trois membres au moins, et à la majorité des voix.

Art. 54. Indépendamment des comités formant le conseil d'administration, chaque Banque-fille a un certain nombre d'employés salariés, dont la nomination et la direction appartiennent au conseil d'administration.

Art. 55. A Paris, ces agents salariés seront, sauf modification en plus ou en moins, selon les besoins du service, au nombre de neuf employés, savoir :

1 Trésorier.
1 Comptable.
3 Employés.
2 Jeunes commis.
1 Garde-magasin chargé de la conservation des denrées.
1 Aide pour manipuler les denrées.

Le garçon de bureau de la Banque-mère fera le service de la Banque-fille.

Art. 56. Dans les chefs-lieux de département, le nombre des employés salariés, sauf modification selon les besoins, sera de sept, savoir :

1 Trésorier.
1 Comptable.
1 Employé.
1 Expéditionnaire.
1 Garçon de bureau.
1 Garde-magasin.
1 Aide pour manipuler les denrées.

Dans les Banques-filles de chef-lieu d'arrondissement, le personnel salarié se composera, de :

1 Trésorier.
1 Comptable.
1 Employé.
1 Jeune commis.
1 Garde-magasin.
1 Aide pour manipuler les denrées.

Art. 57. Les trésoriers sont seuls soumis à fournir un cautionnement fixé :

Pour Paris, à . . . . 10,000 fr.
Pour les chefs-lieux de Département, à . . . 8,000 fr.
Pour les chefs-lieux d'Arrondissement, à . . . 6,000 fr.

Art. 58. Il sera payé à chaque trésorier l'intérêt à raison de 5 p. 0/0 l'an, sur le montant du cautionnement qui sera employé aux prêts de la 2e section.

Toutefois le cautionnement peut être fourni en rentes sur l'Etat au cours du jour, et dans ce cas, la Banque perçoit les arrérages qu'elle rembourse au trésorier au fur et à mesure qu'elle les reçoit.

Art. 59. Les trésoriers seront seuls logés dans les locaux des Banques-filles , ils seront autorisés sous leur responsabilité, à laisser coucher le garde-magasin dans le bureau de la caisse.

Art. 60. Le trésorier de la Banque-fille de Paris sera en même temps trésorier de la Banque-mère. Il sera seul logé dans les locaux de la Banque, ainsi que le directeur-général.

Art. 61. Dans toutes les Banques-filles, le trésorier fait le service des deux sections.

Art. 62. Le coffre-fort de chaque Banque-fille est à deux clefs différentes : l'une reste entre les mains du trésorier ; la seconde est entre les mains d'un membre du conseil.

Art. 63. Le conseil d'administration délègue deux de ses membres pour vérifier l'état de la caisse et les registres quand il le juge convenable, indépendamment de la vérification obligatoire qui doit avoir lieu le jeudi et le dimanche de chaque semaine. Cette vérification est constatée sur les livres par la signature des délégués qui sont tenus de vérifier les espèces et les billets en caisse.

PREMIÈRE SECTION.

Prêts à la propriété foncière rurale.

TITRE III.

Art. 64. Toute demande d'emprunt par hypothèque sur une propriété foncière rurale est adressée au président du conseil d'administration qui la transmet au comité du contentieux.

Cette demande doit être accompagnée :

1o Du titre de propriété ;

2o Du plan parcellaire de la propriété avec la contenance cadastrale de chaque parcelle ;

3o Du certificat des inscriptions hypothécaires existantes, ou d'un certificat négatif ;

4o Du contrat de mariage du propriétaire ;

5o Du rôle des impositions de l'année courante, et s'il n'est pas encore délivré, de celui de l'année précédente ;

6o De la police d'assurances des constructions de toute nature contre l'incendie ;

7o Enfin, de toutes les pièces qui pourront être demandées par les comités du contentieux et des prêts, en vue d'établir la véritable situation de l'emprunteur.

Art. 65. Le comité du contentieux examine les pièces remises, s'assure de leur authenticité et de leur exactitude. Il peut avoir recours au notaire chargé de l'acte à intervenir, et décide s'il y a lieu d'accorder le prêt.

ART. 66. En cas de refus, l'emprunteur peut en appeler au conseil d'administration, qui décide en dernier ressort.

ART. 67. Si la décision est affirmative, le comité des prêts délègue deux membres qu'il peut choisir parmi tous les membres du conseil d'administration, ou en dehors du conseil, mais toujours parmi les emprunteurs de la 1re section, pour procéder sans frais à l'expertise de la valeur vénale de l'ensemble de la propriété et de la valeur du sol nu de l'emprunteur.

ART. 68. L'estimation de la valeur du sol nu est faite sans tenir compte d'aucune espèce de constructions, telles que maisons d'habitation, fermes, hangars, etc., etc., ni des plantations, telles que bois, vignes, arbres fruitiers, etc. Les experts indiquent aussi la valeur vénale de la propriété.

ART. 69. Dans aucun cas, le prêt ne pourra pas dépasser la moitié de la valeur du sol nu estimé par les experts. Le comité peut, dans certains cas, diminuer l'estimation, mais il ne doit jamais l'augmenter.

ART. 70. S'il existe des créanciers hypothécaires, ceux-ci sont remboursés par la Banque, suivant l'ordre de leur inscription, de façon à ce que la Banque se trouve en première ligne.

ART. 71. La Banque n'a pas de notaire spécial; elle conserve le droit de désigner, parmi ceux de l'arrondissement, le notaire qui devra passer le contrat de prêt. Les frais de contrat sont à la charge de l'emprunteur, ainsi que ceux de l'inscription hypothécaire, et tous autres frais résultant de l'emprunt. Le montant de ces frais doit être déposé à la Banque ou chez le notaire avant l'accomplissement de l'acte de prêt.

ART. 72. Avant toute livraison de fonds à l'emprunteur ou aux créanciers, il sera retenu le montant de la première annuité fixée, ainsi que les suivantes, à 2 1/2 p. 0/0 du capital emprunté.

Sur cette quotité, 2 0/0 applicables à l'amortissement seront versés à la 2me section pour servir à l'escompte et aux prêts sur consignation de denrées, et pour être capitalisés annuellement et pendant 32 ans, à raison de 3 0/0 l'an. Le 1/2 p 0/0 restant est destiné à couvrir une partie des frais d'administration.

ART. 73. Au moment de l'emprunt, chaque emprunteur souscrira à l'ordre de la Banque 31 billets représentant les 31 annuités restant à payer à raison de 2 1/2 p. 0/0 du capital emprunté.

Ces billets seront payables à *six mois de vue*, *au domicile de la Banque*, afin que, le cas échéant, la Banque foncière puisse procéder à une liquidation générale dans les six mois qui suivraient l'époque où elle en reconnaîtrait la nécessité.

7

Toutefois, il est entendu que l'échéance désignée à six mois de vue, ne doit, sous aucun prétexte, et en aucun cas, dégager l'emprunteur de payer l'un de ces billets du 1er au 2 janvier au plus tard de chaque année, aux termes de l'article 74 et suivants.

ART. 74. L'annuité de 2 1/2 p. 0/0 est exigible d'avance, du 1er au 2 janvier au plus tard. Chaque emprunteur est tenu d'en verser le montant au siége de la Banque.

ART. 75. Dans le cas où un emprunteur ne viendrait pas acquitter au domicile de la Banque l'annuité exigible, le président du conseil d'administration fera adresser un avertissement à ce débiteur, pour qu'il ait à verser le montant de l'annuité dans les quinze jours de la date de l'avertissement.

ART. 76. Si le paiement est effectué dans le délai ci-dessus, le débiteur sera tenu de payer les intérêts de retard depuis le 2 janvier jusqu'au jour du paiement à raison de 5 p. 0/0 l'an, ainsi que les frais d'avertissement.

ART. 77. Si à l'expiration de ce délai le débiteur n'a pas répondu, le président lui fera adresser un dernier avertissement d'avoir à se libérer avant le 31 janvier, pour tout délai, après lequel le comité des prêts et le comité du contentieux procèderont à la liquidation de ce débiteur envers la Banque.

A cet effet, ils retireront de la circulation, dans les trois jours, une somme de billets de Banque égale à la somme totale prêtée.

Cette opération, si la caisse ne le permet pas, sera effectuée au moyen de billets escomptés par la 2me section, et que la Banque réescomptera, ou au moyen des valeurs mobilières que la 2me section aurait achetées pour placer les fonds libres destinés à l'amortissement.

ART. 78. La Banque-fille enverra sans retard à la Banque-mère les billets de Banque retirés de la circulation, et celle-ci procèdera publiquement à leur destruction.

ART. 79. Le retrait de la circulation effectué, la Banque fera exproprier le débiteur suivant les formes expéditives édictées en faveur de la société du Crédit foncier de France par décret du 28 février 1852, et dont voici les dispositions :

« En cas de retard du débiteur, la Société peut, en vertu d'une
» ordonnance rendue sur requête par le président du tribunal
» civil de première instance, *quinze jours* après une mise en
» demeure, se mettre en possession des immeubles hypothéqués
» aux frais et risques du débiteur en retard.

» Pendant la durée du séquestre, la Banque perçoit, nonobs-
» tant toute opposition ou saisie, le montant des revenus ou ré-
» coltes, et l'applique à l'acquittement du terme échu et des
» frais.

» Ce privilége prend rang immédiatement après ceux qui sont
» attachés aux frais faits pour la conservation de la chose , aux
» frais de labour et de semences, et au droit du trésor pour le
» recouvrement de l'impôt.

» Dans le même cas de non-paiement d'une annuité, et toutes
» les fois que le capital intégral, par suite de détérioration du
» gage, est devenu exigible, la vente de l'immeuble peut être
» poursuivie.

» S'il y a contestation, il est statué par le tribunal de la situation
» des biens. le jugement est sans appel.

» Pour parvenir à la vente de l'immeuble, la Banque fait signi-
» fier au débiteur un commandement dans la forme prévue par
» l'art. 673 du Code de procédure.

» A défaut de paiement dans la *quinzaine,* il est fait, dans les
» *six* semaines qui suivent, six insertions dans les journaux
» d'annonces et *deux* appositions d'affiches à quinze jours d'inter-
» valle.

» Quinze jours après l'accomplissement de ces formalités ,
» il est procédé à la vente aux enchères de l'immeuble hypo-
» théqué. »

ART. 80. Lorsque l'expropriation sera réalisée, la Banque res-
tituera à la 2ᵉ section les sommes avancées pour frais et pour
retrait de la circulation des billets remis à l'emprunteur au moment
du prêt; la Banque rendra à l'emprunteur les annuités qu'il a
payées jusque-là avec les intérêts à 3 p. 0/0 l'an, sauf le demi p. 0/0
applicable aux frais d'administration.

ART. 81. Les renouvellements d'inscription hypothécaire sont
faits à la diligence de la Banque, aux frais de l'emprunteur.

ART. 82. Tout emprunteur peut se libérer par anticipation.
Mais, quelle que soit l'époque de l'année à laquelle il liquidera sa
position , le demi p. %, affecté aux frais d'administration, est
acquis à la Banque pour toute cette année.

ART. 83. Tout emprunteur peut augmenter l'annuité ; mais il
ne peut le faire que par sommes équivalant toujours à 2 1/2 p. o/°
du capital emprunté. Les frais d'administration sont, dans ce cas,
acquis à la Banque.

ART. 84. Dans le cas où il se formerait des sociétés coopératives
ou en participation, ou par un mode quelconque d'association,
ayant pour but l'exploitation d'une ou de plusieurs propriétés
rurales, les propriétaires du sol associés, pourront être admis
individuellement aux prêts de la 1ʳᵉ et de la 2ᵉ section.

ART. 85. Le minimum des prêts de la 1ʳᵉ section est fixé à 200 f.
et le maximum à 500,000 fr., quelle que soit la valeur de la propriété.

ART. 86. La quotité de 2 p. % affectée à l'amortissement ne
pourra dans aucun cas être détournée de sa destination.

Art. 87. Quoique la valeur des constructions ne soit pas comptée dans l'estimation de la propriété, la Banque n'accordera des prêts que si les constructions de toute nature, existant au moment des prêts, sont assurées contre l'incendie.

L'assurance de toutes les constructions qui seraient établies après le prêt, est également obligatoire.

DEUXIÈME SECTION.

Escompte et prêts sur consignation de produits agricoles.

TITRE IV.

Art. 88. Les opérations de la 2e section consistent :

1o A escompter des billets revêtus au moins de deux signatures et présentés par un agriculteur (propriétaire rural, fermier ou cultivateur associé ou intéressé dans une exploitation agricole.)

2o A faire des avances sur consignation de denrées aux agriculteurs ci-dessus désignés.

Art. 89. C'est avec les fonds destinés à l'amortissement des emprunts de la 1re section et au moyen des sommes déposées à la Banque foncière, que sont effectués l'escompte et les avances sur consignation de denrées.

Art. 90. Le taux de l'intérêt pour l'escompte et pour avances, est fixé à 5 p. % par an, au plus.

Art. 91 Les billets présentés à l'escompte, et les avances sur consignation de denrées ne peuvent pas être d'une somme inférieure à 20 fr. Tous les billets présentés à l'escompte d'une somme au-dessous de 100 fr., doivent être obligatoirement payables au domicile de la Banque.

Escompte.

Art. 92. Les billets à deux signatures présentés à l'escompte, sont assimilés aux billets de commerce, et les poursuites, s'il y a lieu, seront exercées en suivant les formalités édictées par le Code de commerce.

Art. 93. Les billets doivent être revêtus de deux signatures reconnues solvables par le comité d'escompte

Leur échéance ne doit pas dépasser trois mois.

Art. 94. Si les *deux signatures* apposées sur les billets appartiennent à la catégorie désignée à l'art. 88, les billets peuvent être renouvelés pour trois mois, ou moins de trois mois, suivant l'appréciation du comité d'escompte.

A l'expiration de ce nouveau terme, le comité peut encore accorder un nouveau délai de trois mois au plus, de façon à ce que la limite extrême de l'échéance des billets renouvelés ne dépasse pas neuf mois.

Ces billets, pour jouir de cette faveur, doivent toujours être payables au domicile de la Banque-fille qui les escompte.

ART. 95. Si le souscripteur du billet présenté n'appartient pas à la catégorie de l'art. 88, le billet n'est pas renouvelable

Dans ce cas, le billet peut être payable au chef-lieu de département ou dans l'un des chefs-lieux d'arrondissement de ce même département et possédant des Banques-filles.

Pour les billets payables dans un chef-lieu d'arrondissement ou de département, autre que celui de la Banque-fille qui les escompte, il est perçu, en outre de l'intérêt à 5 p. % l'an, une commission de 1/2 p. % pour frais de recouvrement et port de lettres.

ART. 96. Le comité d'escompte est seul juge de l'opportunité des renouvellements.

ART. 97. Tout porteur qui désire faire renouveler un billet qui a été souscrit à son ordre et que la Banque a escompté, doit adresser une demande écrite au président du conseil d'administration, dix jours, au moins, avant l'échéance.

ART. 98. Le comité d'escompte fera connaître sa décision dans les cinq jours qui suivront celui de la réception de la demande.

ART. 99. Le porteur d'un billet escompté par la Banque doit, dans les cinq jours qui suivent le protêt d'un billet impayé par le souscripteur, rembourser le capital et les frais avec intérêt à 5 % l'an pour les jours de retard ; faute de quoi, il ne pourra plus être admis à l'escompte sans une nouvelle décision du Comité.

ART. 100. Tout propriétaire emprunteur de la 1re section qui a atteint la limite de la moitié de la valeur du sol nu, ne peut pas être admis à l'escompte, avant d'avoir acquitté la 10e annuité. Mais il peut profiter des avances sur consignation de denrées.

Toutefois, s'il est souscripteur d'un billet présenté à l'escompte par un tiers, le comité peut accepter ou refuser ce billet.

ART. 101. Le comité d'escompte et d'avances sur consignation de denrées se réunit au moins deux fois par semaine, le jeudi et le dimanche, ainsi que les jours de foire et de grands marchés.

Avances sur consignation de denrées.

ART. 102. Tout propriétaire foncier rural, tout fermier, et tout cultivateur associé ou intéressé dans une exploitation agricole, peuvent être admis aux avances sur consignation de denrées.

Art. 103. La consignation est effectuée dans les magasins de la Banque. Toutefois, les denrées peuvent rester consignées chez l'emprunteur s'il fournit une caution acceptée par le comité, et sous les conditions suivantes.

Art. 104. Les avances ne peuvent pas dépasser la moitié de la valeur totale des denrées consignées. L'intérêt à raison de 5 % l'an est retenu au moment du prêt.

Ces avances sont constatées par un billet souscrit par l'emprunteur à l'ordre de la Banque, payable dans trois mois au plus, au domicile même de la Banque.

Pour les cas où la caution est nécessaire, le billet est signé *pour aval* par le répondant.

Art. 105. Le comité peut renouveler ce billet une première fois pour trois mois au plus, et une seconde fois pour le même temps, si le gage n'a subi aucune avarie, mais de façon à ce que la limite des prêts ne dépasse pas neuf mois. Les art. 97 et 98 sont applicables à ces renouvellements.

Art. 106. Il ne sera admis dans les magasins que des denrées en bon état et susceptibles d'une certaine conservation. Elles seront évaluées d'après les cours des dix derniers jours précédant la demande d'emprunt.

A cet effet, le comité dresse tous les dix jours un tableau des denrées admissibles, suivant leur nature, leur détérioration possible d'après les saisons, leur valeur d'après les mercuriales, en un mot, avec toutes les précautions et les indications qu'exigent les prêts de cette nature.

Art. 107. Les manipulations indispensables pour la bonne conservation des denrées seront exécutées par le garde-magasin et l'aide, aux frais de la Banque, mais sans responsabilité pour elle.

Art. 108. L'emprunteur a le droit de vérifier et de faire manipuler à ses frais les denrées consignées, toutes les fois qu'il le juge convenable, pourvu que ce soit aux heures où les magasins sont ouverts.

Art. 109. Le transport à l'entrée et à la sortie des denrées reste à la charge de l'emprunteur. S'il a besoin d'être aidé pour le chargement et le déchargement au magasin, l'administration mettra à sa disposition le garde-magasin et l'aide, moyennant une légère rétribution dont le prix sera fixé par un réglement, suivant l'usage de la localité.

Art. 110. Dans le cas où des avaries qu'il n'est pas toujours possible de prévoir, se manifesteraient dans les denrées consignées, le comité en préviendra immédiatement l'emprunteur qui, dans les cinq jours, devra se mettre en mesure, soit de remplacer le gage avarié ou menacé d'avaries, soit de rembourser l'avance faite sur ce gage.

ART. 111. Si à l'époque de l'échéance consentie par la Banque, ou de l'échéance obligatoire prévue par le précédent article, l'emprunteur ne paie pas le montant de l'avance, la Banque procédera à la vente du gage, aux enchères publiques, sans formalités judiciaires, par lots ou en bloc.

ART. 112. Elle retiendra sur le produit de la vente la somme principale et les frais dus par l'emprunteur, avec les intérêts de retard à raison de 5 % l'an, s'il s'agit d'un prêt parvenu à son terme.

Dans le cas où la vente aurait lieu, à cause d'avaries, avant le terme du billet souscrit, la Banque tiendra compte à l'emprunteur de l'intérêt à raison de 5 % l'an depuis le jour de la vente des denrées jusqu'à l'échéance, mais en retenant les frais, s'il y a lieu.

ART. 113. Le Comité devra, autant que possible, désigner un jour de marché pour opérer la vente aux enchères.

ART. 114. Il ne sera perçu aucun droit de magasinage dans les magasins de la Banque.

ART. 115. Dans le cas où les denrées seraient consignées chez l'emprunteur, le Comité a le droit, toutes les fois qu'il le juge convenable, de désigner un délégué chargé de vérifier l'état des denrées consignées, et de prendre, aux frais de l'emprunteur, toutes les mesures propres à la conservation du gage.

ART. 116. Le Comité a le droit de faire transporter, aux frais de l'emprunteur, dans les magasins de la Banque, les denrées consignées chez cet emprunteur, à moins que celui-ci ne rembourse, s'il s'y refuse, le montant des avances.

ART. 117. Les denrées consignées seront assurées contre l'incendie par les soins de la Banque, et le montant en sera ajouté au billet de l'emprunteur, ou retenu au moment du prêt.

ART. 118. Il sera tenu compte à tout emprunteur qui remboursera par anticipation, de l'intérêt à raison de 4 p. 0/0 l'an.

Le remboursement doit être complet pour les sommes au-dessous de 100 fr.

La Banque recevra, pour les sommes au-dessus de 100 fr., des à-comptes par sommes rondes de 50 fr. au moins, en tenant compte, dans ce cas, de l'intérêt à 3 fr. 65 c. p. % par an.

ART. 119. La Banque se charge gratuitement de la vente des denrées consignées. À cet effet, elle tient à la disposition des acheteurs un tableau indiquant la nature des denrées qu'elle est chargée de vendre et les prix fixés par les propriétaires.

ART. 120. Les différences d'intérêt provenant :

1º Du placement de annuités à 5 p. 0/0 et capitalisées à 3 p. 0/0 seulement, soit une différence de 2 p. 0/0 ;

2º Du placement des fonds de dépôt à 5 p. 0/0 et dont l'intérêt n'est payé par la Banque qu'à 3. 65 p. 0/0, soit une différence de 1,35 p. 0/0.

sont portées au crédit du compte des frais d'administration.

Après le paiement des frais de toute nature, et les prélèvements dont il est parlé à l'art. 20, le reste sera ajouté aux frais destinés à l'amortissement, et capitalisés comme les annuités à raison de 3 p. 0/0 l'an.

Toulouse, Imp. Troyes OUVRIERS RÉUNIS, rue St-Pantaléon, 3.

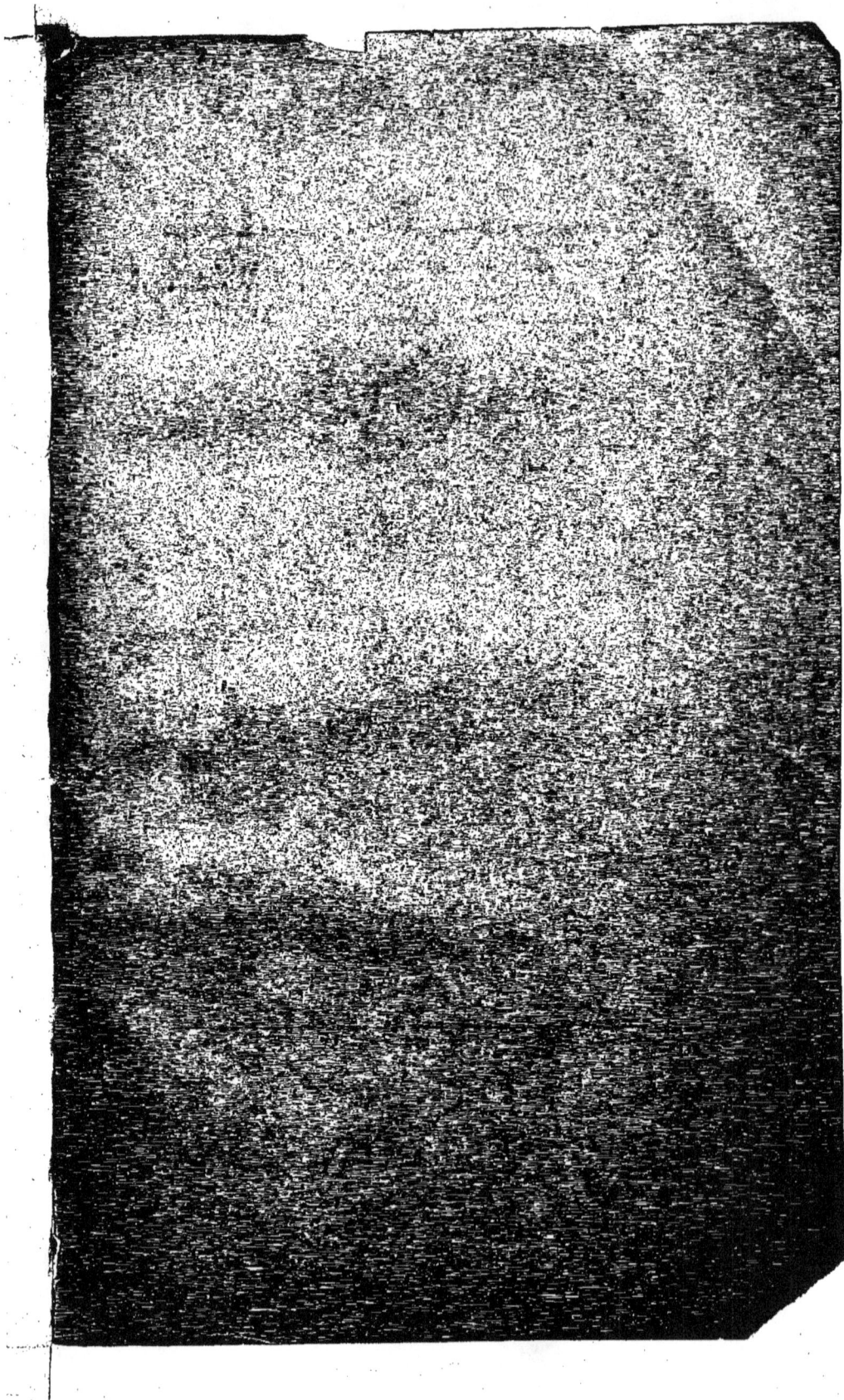